新版数学シリーズ

新版応用数学
演習

■

改訂版

■

岡本和夫［監修］

実教出版

本書の構成と利用

本書は，教科書の内容を確実に理解し，問題演習を通して応用力を養成できるよう編集しました。

新しい内容には，自学自習で理解できるように，例題を示しました。

要点	教科書記載の基本事項のまとめ
A 問題	教科書記載の練習問題レベルの問題 （　）内に対応する教科書の練習番号を記載
B 問題	応用力を付けるための問題 教科書に載せていない内容には例題を掲載
章の問題	章全体の総合的問題

＊印　時間的余裕がない場合，＊印の問題だけを解いていけば一通り学習できるよう配慮しています。

目次

1 章—ベクトル解析

2 章—複素解析

3 章—ラプラス変換

4 章—フーリエ解析

1 ベクトルの演算

◆◆◆要点◆◆◆

1 内積

[1] $\boldsymbol{a}\cdot\boldsymbol{b} = |\boldsymbol{a}||\boldsymbol{b}|\cos\theta$ (θ：$\boldsymbol{a}$ と $\boldsymbol{b}$ のなす角，$0 \leqq \theta \leqq \pi$)

[2] $\boldsymbol{a} = (a_1,\ a_2,\ a_3)$，$\boldsymbol{b} = (b_1,\ b_2,\ b_3)$ とするとき

$\boldsymbol{a}\cdot\boldsymbol{b} = a_1b_1 + a_2b_2 + a_3b_3$

2 内積の性質

[1] $\boldsymbol{a}\cdot\boldsymbol{b} = \boldsymbol{b}\cdot\boldsymbol{a}$

[2] $\boldsymbol{a}\cdot(\boldsymbol{b}+\boldsymbol{c}) = \boldsymbol{a}\cdot\boldsymbol{b} + \boldsymbol{a}\cdot\boldsymbol{c}$，　$(\boldsymbol{a}+\boldsymbol{b})\cdot\boldsymbol{c} = \boldsymbol{a}\cdot\boldsymbol{c} + \boldsymbol{b}\cdot\boldsymbol{c}$

[3] $k(\boldsymbol{a}\cdot\boldsymbol{b}) = (k\boldsymbol{a})\cdot\boldsymbol{b} = \boldsymbol{a}\cdot(k\boldsymbol{b})$ (k：実数)

[4] $\boldsymbol{e}_1\cdot\boldsymbol{e}_1 = \boldsymbol{e}_2\cdot\boldsymbol{e}_2 = \boldsymbol{e}_3\cdot\boldsymbol{e}_3 = 1$，　$\boldsymbol{e}_1\cdot\boldsymbol{e}_2 = \boldsymbol{e}_2\cdot\boldsymbol{e}_3 = \boldsymbol{e}_3\cdot\boldsymbol{e}_1 = 0$

[5] $\boldsymbol{a}\cdot\boldsymbol{b} = 0 \iff \boldsymbol{a} \perp \boldsymbol{b}$ ($\boldsymbol{a}$，$\boldsymbol{b} \neq \boldsymbol{0}$) ($\boldsymbol{e}_1$，$\boldsymbol{e}_2$，$\boldsymbol{e}_3$：基本ベクトル)

3 外積

[1] $\boldsymbol{a}\times\boldsymbol{b} = (|\boldsymbol{a}||\boldsymbol{b}|\sin\theta)\boldsymbol{e}$ (θ：$\boldsymbol{a}$ と $\boldsymbol{b}$ のなす角，$0<\theta<\pi$)

$\boldsymbol{e}$ は $\boldsymbol{a}$ と $\boldsymbol{b}$ に垂直な単位ベクトルで，$\boldsymbol{e}$，$\boldsymbol{a}$，$\boldsymbol{b}$ はこの順で右手系をなす。

[2] $\boldsymbol{a}\times\boldsymbol{b} = \begin{vmatrix} \boldsymbol{e}_1 & \boldsymbol{e}_2 & \boldsymbol{e}_3 \\ a_1 & a_2 & a_3 \\ b_1 & b_2 & b_3 \end{vmatrix}$ ($\boldsymbol{a} = (a_1,\ a_2,\ a_3)$，$\boldsymbol{b} = (b_1,\ b_2,\ b_3)$)
$|\boldsymbol{a}\times\boldsymbol{b}|$ は $\boldsymbol{a}$ と $\boldsymbol{b}$ のなす平行四辺形の面積。

4 外積の性質

[1] $\boldsymbol{a}\times\boldsymbol{b} = -\boldsymbol{b}\times\boldsymbol{a}$

[2] $\boldsymbol{a}\times(\boldsymbol{b}+\boldsymbol{c}) = \boldsymbol{a}\times\boldsymbol{b} + \boldsymbol{a}\times\boldsymbol{c}$，　$(\boldsymbol{a}+\boldsymbol{b})\times\boldsymbol{c} = \boldsymbol{a}\times\boldsymbol{c} + \boldsymbol{b}\times\boldsymbol{c}$

[3] $k(\boldsymbol{a}\times\boldsymbol{b}) = (k\boldsymbol{a})\times\boldsymbol{b} = \boldsymbol{a}\times(k\boldsymbol{b})$ (k：実数)

[4] $\boldsymbol{e}_1\times\boldsymbol{e}_1 = \boldsymbol{e}_2\times\boldsymbol{e}_2 = \boldsymbol{e}_3\times\boldsymbol{e}_3 = \boldsymbol{0}$

$\boldsymbol{e}_1\times\boldsymbol{e}_2 = \boldsymbol{e}_3$，$\boldsymbol{e}_2\times\boldsymbol{e}_3 = \boldsymbol{e}_1$，$\boldsymbol{e}_3\times\boldsymbol{e}_1 = \boldsymbol{e}_2$

[5] $\boldsymbol{a} \neq \boldsymbol{0}$，$\boldsymbol{b} \neq \boldsymbol{0}$ のとき $\boldsymbol{a} \parallel \boldsymbol{b} \iff \boldsymbol{a}\times\boldsymbol{b} = \boldsymbol{0}$

5 スカラー三重積

[1] $\boldsymbol{a}\cdot(\boldsymbol{b}\times\boldsymbol{c}) = \boldsymbol{b}\cdot(\boldsymbol{c}\times\boldsymbol{a}) = \boldsymbol{c}\cdot(\boldsymbol{a}\times\boldsymbol{b})$

[2] $\boldsymbol{a}\cdot(\boldsymbol{b}\times\boldsymbol{c}) = \begin{vmatrix} a_1 & a_2 & a_3 \\ b_1 & b_2 & b_3 \\ c_1 & c_2 & c_3 \end{vmatrix}$ $\boldsymbol{a} = (a_1,\ a_2,\ a_3)$，$\boldsymbol{b} = (b_1,\ b_2,\ b_3)$，
$\boldsymbol{c} = (c_1,\ c_2,\ c_3)$

は，$\boldsymbol{a}$，$\boldsymbol{b}$，$\boldsymbol{c}$ がこの順で右手系ならこれらのなす平行六面体の体積。

6 ベクトル三重積

[1] $\boldsymbol{a}\times(\boldsymbol{b}\times\boldsymbol{c}) = (\boldsymbol{a}\cdot\boldsymbol{c})\boldsymbol{b} - (\boldsymbol{a}\cdot\boldsymbol{b})\boldsymbol{c}$

[2] $(\boldsymbol{a}\times\boldsymbol{b})\times\boldsymbol{c} = (\boldsymbol{a}\cdot\boldsymbol{c})\boldsymbol{b} - (\boldsymbol{b}\cdot\boldsymbol{c})\boldsymbol{a}$

A

1　次のベクトルに垂直な単位ベクトル $\boldsymbol{e}$ を1つ求めよ。　(教 p.11 練習2)

(1)　$\boldsymbol{a}=(3,\ 4,\ 1)$　　(2)　$\boldsymbol{a}=(-5,\ 2,\ 12)$

2　$\boldsymbol{a}=(0,\ 1,\ 2)$, $\boldsymbol{b}=(-1,\ 2,\ 3)$, $\boldsymbol{c}=(1,\ -1,\ 1)$ について，次のベクトルの成分表示を求めよ。　(教 p.14 練習4)

*(1)　$\boldsymbol{a}\times\boldsymbol{a}$　　(2)　$\boldsymbol{a}\times\boldsymbol{b}$　　(3)　$\boldsymbol{b}\times\boldsymbol{a}$

*(4)　$\boldsymbol{b}\times\boldsymbol{c}$　　(5)　$\boldsymbol{c}\times\boldsymbol{a}$

3　次の2つのベクトル $\boldsymbol{a}$, $\boldsymbol{b}$ について，$\boldsymbol{a}$ と $\boldsymbol{b}$ のなす平行四辺形の面積 S および $\boldsymbol{a}$ と $\boldsymbol{b}$ 両方に垂直な単位ベクトル $\boldsymbol{e}$ を求めよ。　(教 p.14 練習5)

*(1)　$\boldsymbol{a}=(1,\ 2,\ 0)$, $\boldsymbol{b}=(2,\ 7,\ 0)$

(2)　$\boldsymbol{a}=(2,\ 1,\ 3)$, $\boldsymbol{b}=(1,\ -1,\ 2)$

4　空間内の3点 A, B, C が次の点であるとき，△ABC の面積 S と △ABC に垂直な単位ベクトルを求めよ。　(教 p.14 練習5)

*(1)　A$(-1,\ 2,\ 3)$, B$(2,\ -2,\ 1)$, C$(0,\ 1,\ 2)$

(2)　A$(1,\ 1,\ 1)$, B$(3,\ 2,\ 4)$, C$(0,\ 4,\ 3)$

5　次の3つのベクトル $\boldsymbol{a}$, $\boldsymbol{b}$, $\boldsymbol{c}$ のなす平行六面体の体積 V を求めよ。また，$\boldsymbol{a}$, $\boldsymbol{b}$, $\boldsymbol{c}$ がこの順で右手系をなすか，左手系をなすかを判断せよ。　(教 p.16 練習6)

*(1)　$\boldsymbol{a}=(2,\ 1,\ 3)$, $\boldsymbol{b}=(1,\ -1,\ 2)$, $\boldsymbol{c}=(-2,\ 2,\ 1)$

(2)　$\boldsymbol{a}=(4,\ 3,\ -1)$, $\boldsymbol{b}=(2,\ -6,\ -3)$, $\boldsymbol{c}=(1,\ 1,\ 1)$

6　空間内の次の4点 A, B, C, D を頂点とする四面体の体積 V を求めよ。　(教 p.16 例5)

*(1)　A$(1,\ 2,\ -3)$, B$(3,\ -4,\ 5)$, C$(-5,\ 6,\ 7)$, D$(7,\ 8,\ 9)$

(2)　A$(1,\ 2,\ 1)$, B$(-1,\ -2,\ 3)$, C$(3,\ 1,\ -2)$, D$(1,\ -3,\ 1)$

7　$\boldsymbol{a}=(2,\ -1,\ 0)$, $\boldsymbol{b}=(2,\ 1,\ 2)$, $\boldsymbol{c}=(1,\ -2,\ -3)$ について次のベクトルの成分表示を求めよ。　(教 p.17 練習7)

*(1)　$\boldsymbol{a}\times(\boldsymbol{b}\times\boldsymbol{c})$　　(2)　$\boldsymbol{b}\times(\boldsymbol{c}\times\boldsymbol{a})$　　(3)　$\boldsymbol{c}\times(\boldsymbol{a}\times\boldsymbol{b})$

*(4)　$(\boldsymbol{a}\times\boldsymbol{b})\times\boldsymbol{c}$　　(5)　$(\boldsymbol{b}\times\boldsymbol{c})\times\boldsymbol{a}$　　(6)　$(\boldsymbol{c}\times\boldsymbol{a})\times\boldsymbol{b}$

(7)　$\boldsymbol{a}\times(\boldsymbol{b}\times\boldsymbol{c})+\boldsymbol{b}\times(\boldsymbol{c}\times\boldsymbol{a})+\boldsymbol{c}\times(\boldsymbol{a}\times\boldsymbol{b})$

B

8　3つのベクトル $\boldsymbol{a}$, $\boldsymbol{b}$, $\boldsymbol{c}$ について, $\boldsymbol{a}$ が $\boldsymbol{b}$ と垂直かつ $\boldsymbol{c}$ と平行であるとするときの実数 k, l を求めよ。

(1)　$\boldsymbol{a}=(2,\ k,\ 1)$, $\boldsymbol{b}=(3,\ -1,\ l)$, $\boldsymbol{c}=(-4,\ 2,\ -2)$

(2)　$\boldsymbol{a}=(-4,\ 2,\ -2)$, $\boldsymbol{b}=(2,\ k,\ 1)$, $\boldsymbol{c}=(6,\ -3,\ l)$

(3)　$\boldsymbol{a}=(3,\ -k,\ 9)$, $\boldsymbol{b}=(-4,\ l,\ -2)$, $\boldsymbol{c}=(2,\ 4,\ 6)$

9　2つのベクトル $\boldsymbol{a}=(1,\ k,\ -1)$, $\boldsymbol{b}=(3,\ l,\ 2)$ が次の等式を満たすときの実数 k, l を求めよ。

(1)　$(\boldsymbol{a}+\boldsymbol{b})\times(\boldsymbol{a}-\boldsymbol{b})=(2,\ 10,\ 6)$

(2)　$(2\boldsymbol{a}-3\boldsymbol{b})\times(\boldsymbol{a}+\boldsymbol{b})=(10+5l,\ kl,\ -140k)$

例題 1　空間内の2点 A$(2,\ -1,\ 0)$, B$(2,\ 1,\ 2)$ を通る直線を l とするとき, 原点 O と直線 l との距離 d を求めよ。

考え方　l の方向ベクトルと $\overrightarrow{\mathrm{OA}}$ のなす角を θ とすると $d=|\overrightarrow{\mathrm{OA}}|\sin\theta$　である。

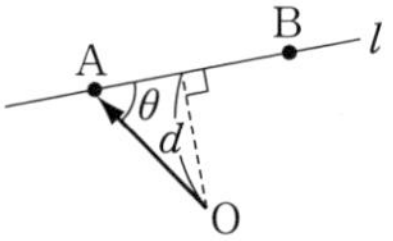

解　$\pm\overrightarrow{\mathrm{AB}}=\pm(0,\ 2,\ 2)$ は l の方向ベクトルなので単位方向ベクトル $\boldsymbol{p}$ は

$$\boldsymbol{p}=\frac{\pm(0,\ 2,\ 2)}{\sqrt{0+4+4}}=\frac{\pm 1}{2\sqrt{2}}(0,\ 2,\ 2)\quad \text{である。}$$

よって　$d=|\overrightarrow{\mathrm{OA}}|\sin\theta=|\overrightarrow{\mathrm{OA}}||\boldsymbol{p}|\sin\theta=|\overrightarrow{\mathrm{OA}}\times\boldsymbol{p}|$

$$=\frac{1}{2\sqrt{2}}|(-2-0,\ -(4-0),\ 4-0)|=\frac{1}{2\sqrt{2}}\sqrt{4+16+16}=\frac{3}{\sqrt{2}}$$

10　次の直線と原点 O との距離 d を求めよ。

(1)　B$(2,\ 1,\ 2)$, C$(1,\ -2,\ -3)$ を通る直線

(2)　C$(1,\ -2,\ -3)$, A$(2,\ -1,\ 0)$ を通る直線

11　空間内の2点 A, B が1本の直線 l を定めるとする。原点を O として $\overrightarrow{\mathrm{OA}}=\boldsymbol{a}$, $\overrightarrow{\mathrm{OB}}=\boldsymbol{b}$ とするとき次の問いに答えよ。

(1)　直線 l の単位方向ベクトル $\boldsymbol{p}$ を, $\boldsymbol{a}$ と $\boldsymbol{b}$ で表せ。

(2)　原点 O と直線 l との距離 d は $d=\dfrac{|\boldsymbol{a}\times\boldsymbol{b}|}{|\boldsymbol{a}-\boldsymbol{b}|}$ であることを示せ。

［注意］ $|\boldsymbol{a}\times\boldsymbol{b}|=2\times$(△OAB の面積), $|\boldsymbol{a}-\boldsymbol{b}|=$(線分 AB の長さ)

例題 2　空間内の 3 点 A(2, −1, 0), B(2, 1, 2), C(1, −2, −3) について，△ABC を含む平面 H と原点 O との距離 h を求めよ。

考え方　△ABC に垂直な単位ベクトル（単位法線ベクトル）を $\boldsymbol{n}$ とすると，h は $\overrightarrow{\mathrm{OA}}$ の $\boldsymbol{n}$ 方向への正射影の長さである。

解　$\overrightarrow{\mathrm{CA}}=(1,\ 1,\ 3)$，$\overrightarrow{\mathrm{CB}}=(1,\ 3,\ 5)$ であるから

$$\overrightarrow{\mathrm{CA}}\times\overrightarrow{\mathrm{CB}}=\begin{vmatrix}\boldsymbol{e}_1 & \boldsymbol{e}_2 & \boldsymbol{e}_3\\ 1 & 1 & 3\\ 1 & 3 & 5\end{vmatrix}=(5-9,\ -(5-3),\ 3-1)=(-4,\ -2,\ 2)$$

は平面 H の法線ベクトルである。

$|\overrightarrow{\mathrm{CA}}\times\overrightarrow{\mathrm{CB}}|=\sqrt{16+4+4}=\sqrt{24}=2\sqrt{6}$　であるから

$\boldsymbol{n}=\dfrac{\pm 1}{2\sqrt{6}}(-4,\ -2,\ 2)=\dfrac{\pm 1}{\sqrt{6}}(-2,\ -1,\ 1)$ で，h は $\overrightarrow{\mathrm{OA}}$ の $\boldsymbol{n}$ 方向への正射影の長さであるから

$$\begin{aligned}h&=|\overrightarrow{\mathrm{OA}}\cdot\boldsymbol{n}|\\&=\left|(2,\ -1,\ 0)\cdot\frac{\pm 1}{\sqrt{6}}(-2,\ -1,\ 1)\right|\\&=\frac{1}{\sqrt{6}}|-4+1+0|=\frac{3}{\sqrt{6}}\end{aligned}$$

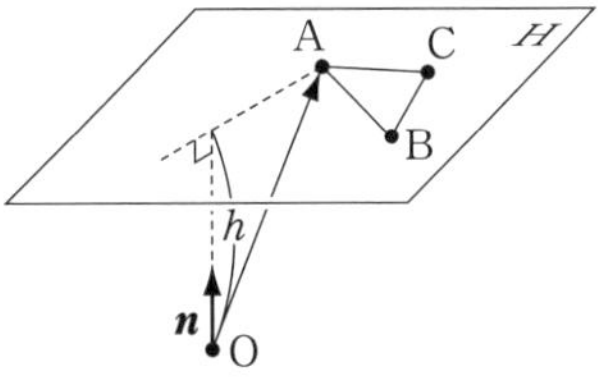

12　次の空間内の 3 点 A, B, C について，△ABC を含む平面 H と原点 O との距離 h を求めよ。

(1)　A(2, 1, 3), B(1, 0, 2), C(−2, 2, 1)

(2)　A(2, −1, 0), B(2, 1, 1), C(1, −2, −3)

13　空間内の 3 点 A, B, C が 1 つの平面 H を定めるとする。原点を O として $\overrightarrow{\mathrm{OA}}=\boldsymbol{a}$，$\overrightarrow{\mathrm{OB}}=\boldsymbol{b}$，$\overrightarrow{\mathrm{OC}}=\boldsymbol{c}$ とするとき次の問いに答えよ。

(1)　平面 H の単位法線ベクトル $\boldsymbol{n}$ を $\boldsymbol{a}$，$\boldsymbol{b}$，$\boldsymbol{c}$ で表せ。

(2)　原点 O と平面 H との距離 h は　$h=\dfrac{|\boldsymbol{a}\cdot(\boldsymbol{b}\times\boldsymbol{c})|}{|\boldsymbol{a}\times\boldsymbol{b}+\boldsymbol{b}\times\boldsymbol{c}+\boldsymbol{c}\times\boldsymbol{a}|}$

であることを示せ。

[注意]　分子 = 6 ×（四面体 OABC の体積），分母 = 2 ×（△ABC の面積）

14　ベクトル方程式 $\boldsymbol{a}\times\boldsymbol{x}=\boldsymbol{b}$（$\boldsymbol{a}\neq\boldsymbol{0}$）を満たす $\boldsymbol{x}$ が存在するための必要十分条件が $\boldsymbol{a}\cdot\boldsymbol{b}=0$ であることを示し，このときの解を $\boldsymbol{a}$，$\boldsymbol{b}$ で表せ。

15　ベクトル方程式 $\boldsymbol{a}\cdot\boldsymbol{x}=k$ の解を $\boldsymbol{a}$，k で表せ。（$\boldsymbol{a}\neq\boldsymbol{0}$，$k$：実数）

2 ベクトル関数の微分積分

◆◆◆要点◆◆◆

▶1 ベクトル関数の導関数

ベクトル関数 $\boldsymbol{f}(t)=(f_1(t),\ f_2(t),\ f_3(t))$ の t における微分係数，すなわち導関数は $\boldsymbol{f}'(t)=(f_1{}'(t),\ f_2{}'(t),\ f_3{}'(t))$

▶2 微分法の公式

［1］ $(\boldsymbol{c})'=\boldsymbol{0}$ （$\boldsymbol{c}=(c_1,\ c_2,\ c_3)$：定ベクトル）

［2］ $\{\boldsymbol{f}(t)+\boldsymbol{g}(t)\}'=\boldsymbol{f}'(t)+\boldsymbol{g}'(t)$ （$\boldsymbol{f}(t)$，$\boldsymbol{g}(t)$：ベクトル関数）

［3］ $\{\varphi(t)\boldsymbol{f}(t)\}'=\varphi'(t)\boldsymbol{f}(t)+\varphi(t)\boldsymbol{f}'(t)$ （$\varphi(t)$：スカラー関数）

［4］ $\left\{\dfrac{\boldsymbol{f}(t)}{\varphi(t)}\right\}'=\dfrac{\boldsymbol{f}'(t)\varphi(t)-\boldsymbol{f}(t)\varphi'(t)}{\{\varphi(t)\}^2}$ （$\varphi(t)\neq 0$）

［5］ $\{\boldsymbol{f}(t)\cdot\boldsymbol{g}(t)\}'=\boldsymbol{f}'(t)\cdot\boldsymbol{g}(t)+\boldsymbol{f}(t)\cdot\boldsymbol{g}'(t)$ （内積の微分公式）

［6］ $\{\boldsymbol{f}(t)\times\boldsymbol{g}(t)\}'=\boldsymbol{f}'(t)\times\boldsymbol{g}(t)+\boldsymbol{f}(t)\times\boldsymbol{g}'(t)$ （外積の微分公式）

［7］ スカラー関数 $t=\phi(u)$ について

$\{\boldsymbol{f}(\phi(u))\}'=\boldsymbol{f}'(t)\phi'(u)$ （合成関数の微分公式）

▶3 ベクトル関数の偏導関数

ベクトル関数 $\boldsymbol{f}(u,\ v)=(f_1(u,\ v),\ f_2(u,\ v),\ f_3(u,\ v))$ において，u，v についての偏導関数は，それぞれ

［1］ $\boldsymbol{f}_u(u,\ v)=((f_1)_u,\ (f_2)_u,\ (f_3)_u)$

［2］ $\boldsymbol{f}_v(u,\ v)=((f_1)_v,\ (f_2)_v,\ (f_3)_v)$

▶4 偏微分法の公式

ベクトル関数 $\boldsymbol{f}(u,\ v)$ について，

［1］ u，v がともに t の関数のとき $\boldsymbol{f}'(t)=\boldsymbol{f}_u u'(t)+\boldsymbol{f}_v v'(t)$

［2］ u，v がともに s と t の関数のとき

(i) $\boldsymbol{f}_s=\boldsymbol{f}_u u_s+\boldsymbol{f}_v v_s$ (ii) $\boldsymbol{f}_t=\boldsymbol{f}_u u_t+\boldsymbol{f}_v v_t$

▶5 曲線

空間内の点Pの位置ベクトルを $\boldsymbol{r}=\overrightarrow{\mathrm{OP}}=(x,\ y,\ z)$ とする。

〈I〉 $\boldsymbol{r}$ の各成分が t の関数のとき

ベクトル関数 $\boldsymbol{r}=\boldsymbol{r}(t)=(x(t),\ y(t),\ z(t))$ は曲線を表す。

$\boldsymbol{r}'(t)=(x'(t),\ y'(t),\ z'(t))$ をPでの接線ベクトルという。

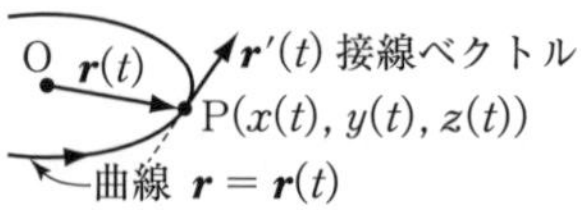

［1］ $\boldsymbol{r}(t)$ の大きさが一定（$\neq 0$）

$\iff \boldsymbol{r}(t)\cdot\boldsymbol{r}'(t)=0$ （$\boldsymbol{r}'(t)\neq\boldsymbol{0}$）

［2］ $\boldsymbol{r}(t)$ と $\boldsymbol{r}'(t)$ が平行（$\boldsymbol{r}=\boldsymbol{r}(t)$ が直線）

$\iff \boldsymbol{r}(t)\times\boldsymbol{r}'(t)=\boldsymbol{0}$ （$\boldsymbol{r}'(t)\neq\boldsymbol{0}$）

〈Ⅱ〉 曲線 $\boldsymbol{r}=\boldsymbol{r}(t)=\boldsymbol{r}(t(s))$ $\left(s\text{は曲線の長さ：}\dfrac{ds}{dt}=|\boldsymbol{r}'(t)|\right)$ で

［1］ $\boldsymbol{t}=\dfrac{\boldsymbol{r}'(t)}{|\boldsymbol{r}'(t)|}=\boldsymbol{r}'(s)$ を単位接線ベクトル，

［2］ $\boldsymbol{n}=\dfrac{\boldsymbol{t}'(t)}{|\boldsymbol{t}'(t)|}=\dfrac{\boldsymbol{t}'(s)}{|\boldsymbol{t}'(s)|}$ を単位主法線ベクトル，

［3］ $\boldsymbol{b}=\boldsymbol{t}\times\boldsymbol{n}$ を単位従法線ベクトルという。

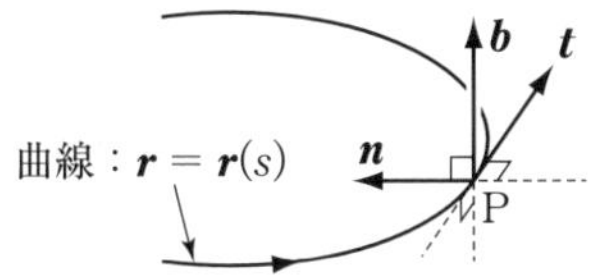

〈Ⅲ〉 フレネ - セレーの公式

［1］ $\boldsymbol{t}'(s)=\kappa\boldsymbol{n}(s)$ 定数 κ を曲線の曲率という。

［2］ $\boldsymbol{n}'(s)=-\kappa\boldsymbol{t}(s)+\tau\boldsymbol{b}(s)$ 定数 τ を曲線の捩率という。

［3］ $\boldsymbol{b}'(s)=-\tau\boldsymbol{n}(s)$

6 曲面

空間内の点 P の位置ベクトルを $\boldsymbol{r}=\overrightarrow{\mathrm{OP}}=(x,\ y,\ z)$ とする。

［1］ $\boldsymbol{r}$ の各成分が，u と v の関数のとき，ベクトル関数

$\boldsymbol{r}=\boldsymbol{r}(u,\ v)=(x(u,\ v),\ y(u,\ v),\ z(u,\ v))$ は曲面を表す。

とくに v が一定のときは曲線を表し，u 曲線という。

同様に u が一定のときも曲線を表し，v 曲線という。

点 P における接線ベクトルは各々 $\boldsymbol{r}_u(u,\ v)$，$\boldsymbol{r}_v(u,\ v)$ である。

［2］ 点 P を通り $\boldsymbol{r}_u$，$\boldsymbol{r}_v$ を含む平面を P における接平面といい，その法線ベクトルは

$$\boldsymbol{r}_u\times\boldsymbol{r}_v=\begin{vmatrix}\boldsymbol{e}_1 & \boldsymbol{e}_2 & \boldsymbol{e}_3\\ x_u & y_u & z_u\\ x_v & y_v & z_v\end{vmatrix}$$

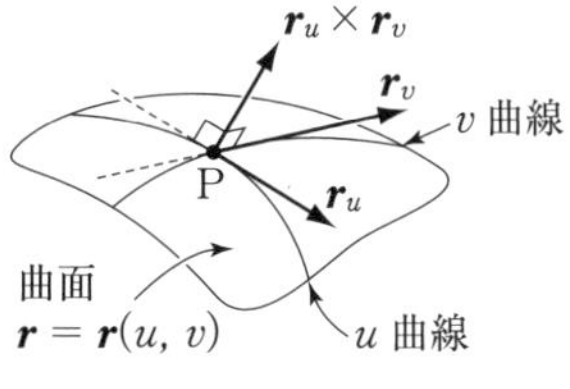

7 速度と加速度

質点 P の時刻 t での位置ベクトルを $\boldsymbol{r}=\boldsymbol{r}(t)$ とすると

［1］ $\boldsymbol{v}(t)=\boldsymbol{r}'(t)$ が速度

［2］ $v(t)=|\boldsymbol{r}'(t)|$ が速さ

［3］ $\boldsymbol{a}(t)=\boldsymbol{r}''(t)$ が加速度で $\boldsymbol{a}=v'\boldsymbol{t}+\dfrac{v^2}{\rho}\boldsymbol{n}$

$\left(\rho=\dfrac{1}{\kappa}\text{：曲率半径，}a_t\text{：接線成分，}a_n\text{：法線成分}\right)$

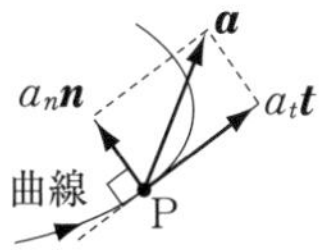

▶8 ベクトル関数の不定積分

ベクトル関数 $\boldsymbol{f}(t)$ がベクトル関数 $\boldsymbol{F}(t)$ の導関数であるとき，$\boldsymbol{F}(t)$ を $\boldsymbol{f}(t)$ の不定積分といい $\boldsymbol{F}(t)=\int\boldsymbol{f}(t)\,dt$ で表す。

$\boldsymbol{f}(t)=(f_1(t),\ f_2(t),\ f_3(t))$ とすると次の等式が成立する。

$$\int\boldsymbol{f}(t)\,dt=\left(\int f_1(t)\,dt,\ \int f_2(t)\,dt,\ \int f_3(t)\,dt\right)$$

▶9 不定積分の公式

［1］ $\int\{\boldsymbol{f}(t)+\boldsymbol{g}(t)\}dt=\int\boldsymbol{f}(t)\,dt+\int\boldsymbol{g}(t)\,dt$

［2］ $\int k\boldsymbol{f}(t)\,dt=k\int\boldsymbol{f}(t)\,dt$　　(k：定数，$\boldsymbol{c}$：定ベクトル)

［3］ $\int\boldsymbol{c}\cdot\boldsymbol{f}(t)\,dt=\boldsymbol{c}\cdot\int\boldsymbol{f}(t)\,dt$

［4］ $\int\boldsymbol{c}\times\boldsymbol{f}(t)\,dt=\boldsymbol{c}\times\int\boldsymbol{f}(t)\,dt$

▶10 部分積分の公式

［1］ $\int\varphi(t)\boldsymbol{f}'(t)\,dt=\varphi(t)\boldsymbol{f}(t)-\int\boldsymbol{f}(t)\varphi'(t)\,dt$　　($\varphi(t)$：スカラー)

［2］ $\int\varphi'(t)\boldsymbol{f}(t)\,dt=\varphi(t)\boldsymbol{f}(t)-\int\varphi(t)\boldsymbol{f}'(t)\,dt$

［3］ $\int\boldsymbol{f}(t)\cdot\boldsymbol{g}'(t)\,dt=\boldsymbol{f}(t)\cdot\boldsymbol{g}(t)-\int\boldsymbol{f}'(t)\cdot\boldsymbol{g}(t)\,dt$

［4］ $\int\boldsymbol{f}(t)\times\boldsymbol{g}'(t)\,dt=\boldsymbol{f}(t)\times\boldsymbol{g}(t)-\int\boldsymbol{f}'(t)\times\boldsymbol{g}(t)\,dt$

▶11 ベクトル関数の定積分

［1］ $\int_\alpha^\beta\boldsymbol{f}(t)\,dt=\left(\int_\alpha^\beta f_1(t)\,dt,\ \int_\alpha^\beta f_2(t)\,dt,\ \int_\alpha^\beta f_3(t)\,dt\right)$

［2］ $\int_\alpha^\beta\boldsymbol{f}(t)\,dt=\Big[\boldsymbol{F}(t)\Big]_\alpha^\beta=\boldsymbol{F}(\beta)-\boldsymbol{F}(\alpha)$　　$\left(\boldsymbol{F}(t)=\int\boldsymbol{f}(t)\,dt\right)$

A

16 次のベクトル関数の，$t=0$ における微分係数を求めよ。 (教 p.20 練習 1)

(1) $\boldsymbol{f}(t)=(e^t,\ e^{2t},\ e^{3t})$　　*(2) $\boldsymbol{f}(t)=(\cos\pi t,\ \sin\pi t,\ \pi t)$

17 次のベクトル関数 $\boldsymbol{f}(t)$，$\boldsymbol{g}(t)$ について $\boldsymbol{f}(t)\cdot\boldsymbol{g}(t)$ および $\boldsymbol{f}(t)\times\boldsymbol{g}(t)$ の導関数を求めよ。 (教 p.21 練習 3)

(1) $\boldsymbol{f}(t)=(e^t,\ e^{-t},\ e^t)$，$\boldsymbol{g}(t)=(-t,\ t,\ t)$

*(2) $\boldsymbol{f}(t)=(\sin t,\ \cos t,\ 0)$，$\boldsymbol{g}(t)=(e^{-t},\ 0,\ e^t)$

18　次の曲線 $\boldsymbol{r}=\boldsymbol{r}(t)$ 上の $t=\pi$ の点での接線ベクトルを求めよ。

(教 p.22 練習 4)

(1)　$\boldsymbol{r}=(t,\ t^2,\ 0)$　　*(2)　$\boldsymbol{r}=(\cos t,\ \sin t,\ 2t)$

19　次のベクトル関数の偏導関数を求めよ。(教 p.25 練習 6)

(1)　$\boldsymbol{f}(u,\ v)=(u,\ uv,\ v)$　　(2)　$\boldsymbol{f}(u,\ v)=(u+v,\ u,\ v)$

*(3)　$\boldsymbol{f}(u,\ v)=(u\cos v,\ u\sin v,\ u^2)$

20　次のベクトルの関数について導関数 $\boldsymbol{f}'(t)$ を求めよ。(教 p.26 練習 7)

*(1)　$\boldsymbol{f}(u,\ v)=(\cos u,\ \sin u,\ v^2)$, $u=2t+1$, $v=2t-1$

(2)　$\boldsymbol{f}(u,\ v)=(u^2,\ u^2+v^2,\ v^2)$, $u=2\cos t$, $v=2\sin t$

21　次のベクトル関数の偏導関数 $\boldsymbol{f}_s$, $\boldsymbol{f}_t$ を求めよ。(教 p.26 練習 7)

*(1)　$\boldsymbol{f}(u,\ v)=(uv,\ u,\ v)$, $u=s-t$, $v=st$

(2)　$\boldsymbol{f}(u,\ v)=(uv,\ u^2,\ v^2)$, $u=e^s\cos t$, $v=e^s\sin t$

22　次のベクトル関数について，下の問(i)～(v)にそれぞれ答えよ。

(教 p.28 練習 8)

(1)　$\boldsymbol{r}(u,\ v)=(u,\ v,\ 6-3u-2v)$

*(2)　$\boldsymbol{r}(u,\ v)=(u\cos v,\ u\sin v,\ 4-u^2)$

(i)　与式の表す曲面を x, y, z に関する方程式で表せ。

(ii)　$v=0$ のときの u 曲線を求めよ。

(iii)　$u=\sqrt{2}$ のときの v 曲線を求めよ。

(iv)　$(u,\ v)=(\sqrt{2},\ 0)$ に対応する曲面上の点 P における u 曲線，v 曲線上の接線ベクトルをそれぞれ求めよ。

(v)　(iv)の点 P における接平面 H の法線ベクトルを求めよ。

23　次の曲線 $\boldsymbol{r}=\boldsymbol{r}(t)$ 上の，与えられた t の値に対応する点における単位接線ベクトル $\boldsymbol{t}$, 単位主法線ベクトル $\boldsymbol{n}$ を求めよ。(教 p.30 練習 9)

(1)　$\boldsymbol{r}=(t,\ 2t,\ t^2)$, $t=1$

*(2)　$\boldsymbol{r}=(\sin 2t,\ \cos 2t,\ 2t)$, $t=\dfrac{\pi}{2}$

24　次の空間内の曲線 $\boldsymbol{r}=\boldsymbol{r}(t)$ について単位接線ベクトル $\boldsymbol{t}$, 曲率 κ, 曲率半径 ρ を求めよ。(教 p.32 練習 10-11)

*(1)　$\boldsymbol{r}=(\cos t,\ \sin t,\ 3t)$　　(2)　$\boldsymbol{r}=(2\cos t,\ 2\sin t,\ 2t)$

＊ **25** 空間内の曲線 $\boldsymbol{r}(t)=(\cos t,\ \sin t,\ 2t)$ について，単位従法線ベクトル $\boldsymbol{b}$ および捩率 τ を求めよ。 (教 p.34 練習 12)

26 次の $\boldsymbol{r}=\boldsymbol{r}(t)$ が質点Pの位置ベクトルであるとき，与えられた t の値における速度 $\boldsymbol{v}$，速さ v，加速度 $\boldsymbol{a}$ を求めよ。また，加速度 $\boldsymbol{a}$ を $\boldsymbol{a}=a_t\boldsymbol{t}+a_n\boldsymbol{n}$ の形に分解せよ。 (教 p.37 練習 13)

(1) $\boldsymbol{r}=\boldsymbol{r}(t)=\left(t,\ -t,\ \dfrac{1}{2\sqrt{2}}t^2\right)$，$t=2$

＊(2) $\boldsymbol{r}=\boldsymbol{r}(t)=\left(t^2,\ t-\dfrac{1}{3}t^3,\ t+\dfrac{1}{3}t^3\right)$，$t=1$

(3) $\boldsymbol{r}=\boldsymbol{r}(t)=(\sqrt{2}\,t,\ e^t,\ e^{-t})$，$t=0$

27 $\boldsymbol{f}(t)=(t,\ 2t+1,\ t^2)$，$\boldsymbol{c}=(1,\ 2,\ 1)$ について次の不定積分を求めよ。

(教 p.38 練習 15)

＊(1) $\displaystyle\int \boldsymbol{c}\times\boldsymbol{f}(t)\,dt$　　(2) $\displaystyle\boldsymbol{c}\times\int\boldsymbol{f}(t)\,dt$

28 次の不定積分，定積分を求めよ。 (教 p.39 練習 17，p.41 練習 19)

＊(1) $\displaystyle\int(t,\ 2t,\ 3)\cdot(e^{2t},\ 0,\ e^{3t})\,dt$

(2) $\displaystyle\int(t,\ 2t,\ 3)\times(e^{2t},\ 0,\ e^{3t})\,dt$

(3) $\displaystyle\int_0^{\pi}(\cos t,\ \sin t,\ 2t)\cdot(1,\ 2t,\ 3)\,dt$

(4) $\displaystyle\int_0^{\pi}(\cos t,\ \sin t,\ 2t)\times(1,\ 2t,\ 3)\,dt$

B

29 ベクトル関数 $\boldsymbol{f}(t)$ の大きさが t によらず一定値 C $(\neq 0)$ とする。このとき $\boldsymbol{f}'(t)\neq\boldsymbol{0}$ ならば $\boldsymbol{f}(t)$ と $\boldsymbol{f}'(t)$ は常に垂直であることを示せ。

考え方　$\boldsymbol{f}(t)\cdot\boldsymbol{f}'(t)=0$ であることをいう。

例題 3　ベクトル関数 $\boldsymbol{f}(t)$ の方向が t によらず一定であるとする。$\boldsymbol{f}'(t)\neq\boldsymbol{0}$ ならば $\boldsymbol{f}(t)$ と $\boldsymbol{f}'(t)$ は常に平行であることを示せ。

考え方　$\boldsymbol{f}(t)\times\boldsymbol{f}'(t)=\boldsymbol{0}$ であることをいう。

解　仮定より $|\boldsymbol{f}(t)|\neq 0$ であって $\dfrac{\boldsymbol{f}(t)}{|\boldsymbol{f}(t)|}$ は $\boldsymbol{f}(t)$ 方向の単位ベクトルであるのでこれを $\boldsymbol{e}(t)$ とおくと $\boldsymbol{f}(t)=|\boldsymbol{f}(t)|\boldsymbol{e}(t)$ …㋐ と表せる。

p.8 **2**[3]により $\boldsymbol{f}'(t)=|\boldsymbol{f}(t)|'\boldsymbol{e}(t)+|\boldsymbol{f}(t)|\boldsymbol{e}'(t)$ …㋑

であるから㋐，㋑より

$\boldsymbol{f}(t)\times\boldsymbol{f}'(t)$

$=|\boldsymbol{f}(t)|\boldsymbol{e}(t)\times(|\boldsymbol{f}(t)|'\boldsymbol{e}(t)+|\boldsymbol{f}(t)|\boldsymbol{e}'(t))$

$=|\boldsymbol{f}(t)||\boldsymbol{f}(t)|'\boldsymbol{e}(t)\times\boldsymbol{e}(t)+|\boldsymbol{f}(t)|^2\boldsymbol{e}(t)\times\boldsymbol{e}'(t)$ ← p.4 **4**[2]，[3]

$=\boldsymbol{0}$ ← なぜなら p.4 **3**[1]より $\boldsymbol{e}(t)\times\boldsymbol{e}(t)=\boldsymbol{0}$ であり，$\boldsymbol{e}(t)$ が方向一定で大きさ1の定ベクトルなので $\boldsymbol{e}'(t)=\boldsymbol{0}$ である。

したがって $\boldsymbol{f}(t)\neq\boldsymbol{0}$，$\boldsymbol{f}'(t)\neq\boldsymbol{0}$ より p.4 **4**[5]が使えて $\boldsymbol{e}(t)\parallel\boldsymbol{e}'(t)$ となり $\boldsymbol{f}(t)\parallel\boldsymbol{f}'(t)$ が結論される。

30 ベクトル関数 $\boldsymbol{f}(t)$ が $\boldsymbol{f}(t)\neq\boldsymbol{0}$ とする。$\boldsymbol{f}(t)\times\boldsymbol{f}'(t)=\boldsymbol{0}$ が t によらず常に成立するならば $\boldsymbol{f}(t)$ は方向が常に一定であることを示せ。

31 円柱螺旋（らせん）とよばれる空間曲線 $\boldsymbol{r}=\boldsymbol{r}(t)=(a\cos t,\ a\sin t,\ ht)$ $(a>0)$ について次の問いに答えよ。 (p.11 問題 24-25，教 p.34 例 11)

(1) 単位接線ベクトル $\boldsymbol{t}$ を求めた上で，曲率 κ は t によらず一定で

$$\kappa=\frac{a}{a^2+h^2}$$ であることを示せ。

(2) 単位主法線ベクトル $\boldsymbol{n}$，単位従法線ベクトル $\boldsymbol{b}$ を求めた上で，捩率 τ は t によらず一定であって

$$\tau=\frac{h}{a^2+h^2}$$ であることを示せ。

32 ベクトル関数 $\boldsymbol{f}(t)=(x(t),\ y(t),\ z(t))$ について次の各微分方程式を解け。ただし，$\boldsymbol{c}$ は定ベクトル，k は正の実数とする。

(1) $\boldsymbol{f}'(t)=\boldsymbol{c}$　(2) $\boldsymbol{f}'(t)=\boldsymbol{f}(t)$　(3) $\boldsymbol{f}'(t)+k\boldsymbol{f}(t)=\boldsymbol{c}$

33 質量 m をもつ点Pの位置ベクトルを $\boldsymbol{r}=\boldsymbol{r}(t)$ とする。点Pが常に点Oの方向の力 $\boldsymbol{f}(t)$ の作用を受けて運動しているとするとき，運動方程式は，速度を $\boldsymbol{r}'(t)=\boldsymbol{v}(t)$，加速度を $\boldsymbol{r}''(t)=\boldsymbol{a}(t)$ として $m\boldsymbol{a}=|\boldsymbol{f}(t)|\cdot\dfrac{\boldsymbol{r}(t)}{|\boldsymbol{r}(t)|}$ である。このとき面積速度とよばれるベクトル $\dfrac{1}{2}\boldsymbol{r}(t)\times\boldsymbol{v}(t)$ が定ベクトルであること，よって $\boldsymbol{r}(t)$ がそのベクトルに垂直な平面内にあることを示せ。

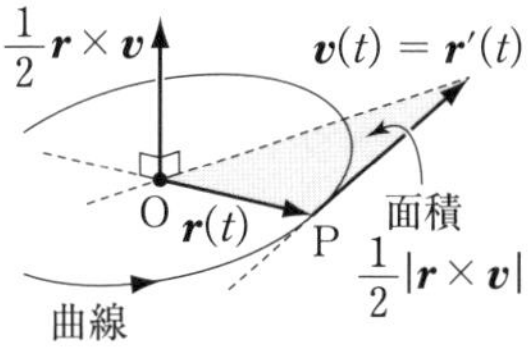

3 ベクトル場

◆◆◆要点◆◆◆

▶1 スカラー場の勾配

スカラー場 $f(x, y, z)$ の勾配 $\mathrm{grad} f$ とは次のベクトル場である：

$$\mathrm{grad} f = \nabla f \qquad \text{ただし，} \nabla f = \left(\frac{\partial}{\partial x}, \frac{\partial}{\partial y}, \frac{\partial}{\partial z}\right) f = (f_x, f_y, f_z)$$

▶2 勾配に関する公式

[1] $\nabla(f+g) = \nabla f + \nabla g$ （$f(x, y, z)$，$g(x, y, z)$：スカラー場）

[2] $\nabla(kf) = k\nabla f$ （k：実数）

[3] $\nabla(fg) = (\nabla f)g + f(\nabla g)$

[4] $\nabla\left(\dfrac{f}{g}\right) = \dfrac{(\nabla f)g - f(\nabla g)}{g^2}$

[5] $\nabla \varphi(f) = \varphi'(f)(\nabla f)$ （$\varphi(t)$：スカラー関数）

▶3 方向微分係数

スカラー場 $f(x, y, z)$ 内の点 $\mathrm{P}(x, y, z)$ を始点とする単位ベクトルを $\boldsymbol{e}$ とし，点Pからの $\boldsymbol{e}$ 方向の距離を s とするとき，点Pにおける $\boldsymbol{e}$ 方向の f の方向微分係数は $\dfrac{df}{ds} = (\nabla f)\cdot\boldsymbol{e}$

▶4 ベクトル場の発散

ベクトル場 $\boldsymbol{f}(x, y, z) = (f_1(x, y, z), f_2(x, y, z), f_3(x, y, z))$ の発散 $\mathrm{div}\boldsymbol{f}$ は次のスカラー場である：

$$\mathrm{div}\boldsymbol{f} = \nabla\cdot\boldsymbol{f}$$

ただし，$\nabla\cdot\boldsymbol{f} = \left(\dfrac{\partial}{\partial x}, \dfrac{\partial}{\partial y}, \dfrac{\partial}{\partial z}\right)\cdot(f_1, f_2, f_3) = (f_1)_x + (f_2)_y + (f_3)_z$

▶5 発散に関する公式

[1] $\nabla\cdot(\boldsymbol{f}+\boldsymbol{g}) = \nabla\cdot\boldsymbol{f} + \nabla\cdot\boldsymbol{g}$ （$\boldsymbol{f}(x, y, z)$，$\boldsymbol{g}(x, y, z)$：ベクトル場）

[2] $\nabla\cdot(k\boldsymbol{f}) = k\nabla\cdot\boldsymbol{f}$ （k：実数）

[3] $\nabla\cdot(\varphi\boldsymbol{f}) = (\nabla\varphi)\cdot\boldsymbol{f} + \varphi(\nabla\cdot\boldsymbol{f})$ （$\varphi(x, y, z)$：スカラー場）

▶6 ベクトル場の回転

ベクトル場 $\boldsymbol{f}(x, y, z) = (f_1(x, y, z), f_2(x, y, z), f_3(x, y, z))$ の回転 $\mathrm{rot}\boldsymbol{f}$ は次のベクトル場である：

$$\mathrm{rot}\boldsymbol{f} = \nabla\times\boldsymbol{f}$$

ただし $\nabla\times\boldsymbol{f} = \left(\dfrac{\partial}{\partial x}, \dfrac{\partial}{\partial y}, \dfrac{\partial}{\partial z}\right)\times(f_1, f_2, f_3) = \begin{vmatrix} \boldsymbol{e}_1 & \boldsymbol{e}_2 & \boldsymbol{e}_3 \\ \dfrac{\partial}{\partial x} & \dfrac{\partial}{\partial y} & \dfrac{\partial}{\partial z} \\ f_1 & f_2 & f_3 \end{vmatrix}$

▶7 回転に関する公式

[1] $\nabla\times(\boldsymbol{f}+\boldsymbol{g})=\nabla\times\boldsymbol{f}+\nabla\times\boldsymbol{g}$

$(\boldsymbol{f}(x,\ y,\ z),\ \boldsymbol{g}(x,\ y,\ z)$: ベクトル場)

[2] $\nabla\times(k\boldsymbol{f})=k\nabla\times\boldsymbol{f}$ (k : 定数)

[3] $\nabla\times(\varphi\boldsymbol{f})=(\nabla\varphi)\times\boldsymbol{f}+\varphi(\nabla\times\boldsymbol{f})$ ($\varphi(x,\ y,\ z)$: スカラー場)

▶8 内積・外積の勾配・発散・回転に関する公式

$\boldsymbol{f}(x,\ y,\ z)$, $\boldsymbol{g}(x,\ y,\ z)$ をベクトル場として

[1] $\nabla(\boldsymbol{f}\cdot\boldsymbol{g})=-(\nabla\times\boldsymbol{f})\times\boldsymbol{g}+\boldsymbol{f}\times(\nabla\times\boldsymbol{g})+(\boldsymbol{g}\cdot\nabla)\boldsymbol{f}+(f\cdot\nabla)\boldsymbol{g}$

[2] $\nabla(\boldsymbol{f}\times\boldsymbol{g})=(\nabla\times\boldsymbol{f})\cdot\boldsymbol{g}-\boldsymbol{f}\cdot(\nabla\times\boldsymbol{g})$

[3] $\nabla\times(\boldsymbol{f}\times\boldsymbol{g})=-(\nabla\cdot\boldsymbol{f})\boldsymbol{g}+\boldsymbol{f}(\nabla\cdot\boldsymbol{g})+(\boldsymbol{g}\cdot\nabla)\boldsymbol{f}-(\boldsymbol{f}\cdot\nabla)\boldsymbol{g}$

▶9 勾配・発散・回転の合成に関する公式

[1] $\nabla\times(\nabla f)=\boldsymbol{0}$ ($f(x,\ y,\ z)$: スカラー場)

[2] $\nabla\cdot(\nabla\times\boldsymbol{f})=0$ ($\boldsymbol{f}(x,\ y,\ z)$: ベクトル場)

[3] $\nabla\times(\nabla\times\boldsymbol{f})=\nabla(\nabla\cdot\boldsymbol{f})-(\nabla\cdot\nabla)\boldsymbol{f}$

▶10 スカラー場の線積分

曲線 $C:\boldsymbol{r}=\boldsymbol{r}(t)=(x(t),\ y(t),\ z(t))$ $(\alpha\leqq t\leqq\beta)$ に沿うスカラー関数 $f(x,\ y,\ z)$ の線積分は s を曲線の長さとして

$$\int_C f(x,\ y,\ z)\,ds=\int_\alpha^\beta f(x,\ y,\ z)\frac{ds}{dt}dt \qquad \left(\frac{ds}{dt}=|\boldsymbol{r}'(t)|\right)$$

・とくに $f(x,\ y,\ z)=1$ のとき，これは曲線 C の長さを表す。

▶11 ベクトル場の線積分

曲線 $C:\boldsymbol{r}=\boldsymbol{r}(t)=(x(t),\ y(t),\ z(t))$ $(\alpha\leqq t\leqq\beta)$ に沿うベクトル関数 $\boldsymbol{f}(x,\ y,\ z)$ の線積分は s を曲線の長さとして

$$\int_C \boldsymbol{f}\cdot\boldsymbol{t}\,ds=\int_C\boldsymbol{f}\cdot d\boldsymbol{r}=\int_\alpha^\beta\boldsymbol{f}\cdot\boldsymbol{r}'(t)\,dt \qquad \left(\begin{array}{l} d\boldsymbol{r}=(dx,\ dy,\ dz) \\ \boldsymbol{t}:\text{単位接線ベクトル}\end{array}\right)$$

▶12 スカラー場の面積分

曲面 $S:\boldsymbol{r}=\boldsymbol{r}(u,\ v)=(x(u,\ v),\ y(u,\ v),\ z(u,\ v))$ 上のスカラー関数 $f(x,\ y,\ z)$ の面積分は $(u,\ v)$ が定義域 D のとき

$$\int_S f(x,\ y,\ z)\,dS=\iint_D f(x,\ y,\ z)|\boldsymbol{r}_u\times\boldsymbol{r}_v|\,dudv$$

・とくに $f(x,\ y,\ z)=1$ のとき，これは曲面 S の面積を表す。

・曲面 S の方程式が $z=\varphi(x,\ y)$ の形なら，右辺は次の形にできる。

$$\iint_D f(x,\ y,\ \varphi(x,\ y))\sqrt{{\varphi_x}^2+{\varphi_y}^2+1}\,dxdy \qquad (*)$$

▶13 ベクトル場の面積分

曲面 S：$\boldsymbol{r}=\boldsymbol{r}(u,\ v)=(x(u,\ v),\ y(u,\ v),\ z(u,\ v))$ 上のベクトル関数 $\boldsymbol{f}(x,\ y,\ z)=(f_1(x,\ y,\ z),\ f_2(x,\ y,\ z),\ f_3(x,\ y,\ z))$ の面積分は

$$\int_S \boldsymbol{f}\cdot\boldsymbol{n}\,dS=\int_S \boldsymbol{f}\cdot d\boldsymbol{S}=\iint_D \boldsymbol{f}\cdot(\boldsymbol{r}_u\times\boldsymbol{r}_v)\,du\,dv$$

(D：$(u,\ v)$ の定義域，$\boldsymbol{n}$：S 上各点での単位法線ベクトル)

・とくに曲面 S の方程式が $z=\varphi(x,\ y)$ の形で表せるとき右辺は次の形にできる。

$$\iint_D \boldsymbol{f}(x,\ y,\ \varphi(x,\ y))\cdot(-\varphi_x,\ -\varphi_y,\ 1)\,dxdy \qquad (**)$$

A

34 次のスカラー場の点 P(1, 1, 2) での勾配 grad f を求めよ。(教 p.43 練習 1)

*(1) $f(x,\ y,\ z)=x^2y-xy^2+yz^2$

(2) $f(x,\ y,\ z)=3x^2y+y^2z^3$

35 スカラー場 $f(x,\ y,\ z)=xy-z$ について答えよ。(教 p.45 練習 2)

(1) f の勾配 grad f を求めよ。

*(2) 等位面 S_1：$xy-z=1$ 上の点 P(1, 2, 1) での単位法線ベクトル $\boldsymbol{n}$ を求めよ。

(3) (2)の曲面 S_1 上の点 P での接平面 H の方程式

36 2つのスカラー場 $f(x,\ y,\ z)=x+y-z$，$g(x,\ y,\ z)=xy-z$ についてスカラー場 fg および $\dfrac{f}{g}$ の勾配を求めよ。(教 p.45 練習 4)

37 スカラー場 $f(x,\ y,\ z)=x^2y-xy^2+yz^2$ について
等位面 S_1：$x^2y-xy^2+yz^2=1$ 上の点 P(1, 1, 1) における次の方向への方向微分係数を求めよ。(教 p.47 練習 5)

*(1) 基本ベクトル $\boldsymbol{e}_1$，$\boldsymbol{e}_2$，$\boldsymbol{e}_3$　(2) 単位ベクトル $\boldsymbol{e}=\dfrac{1}{3}(2,\ -1,\ -2)$

38 前問のスカラー場について $\dfrac{1}{f^2}$ の勾配を求めよ。(教 p.45 練習 4)

39 次のベクトル場 $\boldsymbol{f}$ について点 P での発散を求めよ。(教 p.48 練習 6)

*(1) $\boldsymbol{f}=(2x^2z,\ -xy^2z,\ 3yz^2)$，P(1, 1, 1)

(2) $\boldsymbol{f}=(x^2y,\ -2xz,\ 2yz)$，P(1, 2, 3)

40 次のスカラー場 φ とベクトル場 $\boldsymbol{f}$ について次の問いに答えよ。(教 p.50 練習 8)

$\varphi(x, y, z) = x + y + z$, $\boldsymbol{f}(x, y, z) = (x^2 + y^2, y^2 + z^2, z^2 + x^2)$

*(1) p.14 **5**[3] を用いてベクトル場 $\varphi\boldsymbol{f}$ の発散を求めよ。

(2) $\varphi\boldsymbol{f}$ を求めた上でその発散を求めよ。

41 次のベクトル場での点 (1, 2, 1) における回転を求めよ。 (教 p.51 練習 9)

*(1) $\boldsymbol{f}(x, y, z) = (x^2y, y^2z, z^2x)$ (2) $\boldsymbol{f}(x, y, z) = (xy^2, yz^2, zx^2)$

42 次のスカラー場 φ とベクトル場 $\boldsymbol{f}$ について，ベクトル場 $\varphi\boldsymbol{g}$ および $\boldsymbol{f} + \boldsymbol{g}$ の回転を求めよ。 (教 p.53 練習 11)

$\varphi(x, y, z) = xy + yz + zx$

$\boldsymbol{f}(x, y, z) = (xz, yx, zy)$, $\boldsymbol{g}(x, y, z) = (yz, zx, xy)$

43 次の C と f について $\int_C f\,ds$ と曲線 C の長さを求めよ。 (教 p.56 練習 14)

(1) $C : \boldsymbol{r} = (t, 2t, t)$ $(0 \leqq t \leqq 1)$, $f(x, y, z) = xy + yz$

(2) $C : \boldsymbol{r} = (\cos t, \sin t, \sqrt{3}\,t)$ $(0 \leqq t \leqq \pi)$, $f(x, y, z) = x + y + z$

(3) $C : \boldsymbol{r} = (2t^3, 3t^2, 3t)$ $(0 \leqq t \leqq 1)$, $f(x, y, z) = xyz$

(4) $C : \boldsymbol{r} = \left(t^2, t - \dfrac{t^3}{3}, t + \dfrac{t^3}{3}\right)$ $(0 \leqq t \leqq 1)$, $f(x, y, z) = x + y + z$

44 次の C と $\boldsymbol{f}$ について $\int_C \boldsymbol{f}\cdot\boldsymbol{t}\,ds$ を求めよ。 (教 p.58 練習 15)

*(1) $C : \boldsymbol{r} = (t, t^3, t^2)$ $(0 \leqq t \leqq 1)$, $\boldsymbol{f} = (yz, z, xy)$

*(2) $C : \boldsymbol{r} = (2\cos t, 2\sin t, t)$ $(0 \leqq t \leqq 2\pi)$, $\boldsymbol{f} = (y, x, z^2)$

(3) $C : \boldsymbol{r} = (\cos t, \sin t, 2t)$ $(0 \leqq t \leqq \pi)$, $\boldsymbol{f} = (x, -y, 1)$

(4) $C : \boldsymbol{r} = (t, t^2, t^2 + t^4)$ $(0 \leqq t \leqq 1)$, $\boldsymbol{f} = (z - y, x - z, y - x)$

45 次の S と f について $\int_S f\,dS$ と曲面 S の面積を求めよ。 (教 p.60 例 11)

(1) $S : \boldsymbol{r} = (u, v, 2 - u - v)$ $(0 \leqq u, 0 \leqq v, u + v \leqq 2)$

$f(x, y, z) = xy + z$ ← S は平面 $z = 2 - x - y$ の一部

*(2) $S : \boldsymbol{r} = (u, v, 2 - 2u - 2v)$ $(0 \leqq u \leqq 1, 0 \leqq v \leqq 1 - u)$

$f(x, y, z) = x^2 + 2y + z - 1$ ← S は平面 $z = 2 - 2x - 2y$ の一部

*(3) $S : \boldsymbol{r} = (2\cos u, 2\sin u, v)$ $\left(0 \leqq u \leqq \dfrac{\pi}{2}, 0 \leqq v \leqq 2\right)$

$f(x, y, z) = xyz$ ← S は円柱面 $x^2 + y^2 = 4$ の一部

(4) $S : \boldsymbol{r} = (u\cos v, u\sin v, u)$ $\left(0 \leqq u \leqq 2, 0 \leqq v \leqq \dfrac{\pi}{2}\right)$

$f(x, y, z) = xyz$ ← S は円錐面 $z = \sqrt{x^2 + y^2}$ の一部

46 次のSとfについて$\int_S f\,dS$と曲面Sの面積を求めよ。 (教 p.60 練習 16)

(1) $S : \boldsymbol{r} = (x,\ y,\ 2-x-y) \quad (0 \leqq x,\ 0 \leqq y,\ x+y \leqq 2)$,
$f(x,\ y,\ z) = xy + z$

*(2) $S : \boldsymbol{r} = (x,\ y,\ 2-2x-2y) \quad (0 \leqq x \leqq 1,\ 0 \leqq y \leqq 1-x)$,
$f(x,\ y,\ z) = x^2 + 2y + z - 1$

47 次のSと$\boldsymbol{f} = (3x,\ 2y,\ z)$について$\int_S \boldsymbol{f}\cdot d\boldsymbol{S}$を求めよ。
(教 p.62 例 12, 練習 17)

*(1) $S : \boldsymbol{r} = (u,\ v,\ 1-u-v) \quad (0 \leqq u \leqq 1,\ u+v \leqq 1)$ ← 平面

(2) $S : \boldsymbol{r} = (\cos u,\ \sin u,\ v) \quad \left(0 \leqq u \leqq \dfrac{\pi}{2},\ 0 \leqq v \leqq 1\right)$ ← 円柱面

(3) $S : \boldsymbol{r} = (u\cos v,\ u\sin v,\ u) \quad \left(0 \leqq u \leqq 1,\ 0 \leqq v \leqq \dfrac{\pi}{2}\right)$ ← 円錐面

*(4) $S : \boldsymbol{r} = (u\cos v,\ u\sin v,\ u^2) \quad \left(0 \leqq u \leqq 1,\ 0 \leqq v \leqq \dfrac{\pi}{2}\right)$ ← 回転放物面

48 次のSと$\boldsymbol{f} = (3x,\ 2y,\ z)$について$\int_S \boldsymbol{f}\cdot d\boldsymbol{S}$を求めよ。 (教 p.62 例 13)

*(1) $S : z = \varphi(x,\ y) = 1-x-y \quad (0 \leqq x \leqq 1,\ 0 \leqq y \leqq 1-x)$

(2) $S : z = \varphi(x,\ y) = x^2+y^2 \quad (0 \leqq x \leqq 1,\ 0 \leqq y \leqq \sqrt{1-x^2})$

B

例題 4 原点Oからz軸に沿って点A$(0,\ 0,\ 2)$に至る線分をC_1，点Aから点B$(2,\ 2,\ 3)$に至る線分をC_2とする。曲線CをC_1+C_2とするとき，次の問いに答えよ。

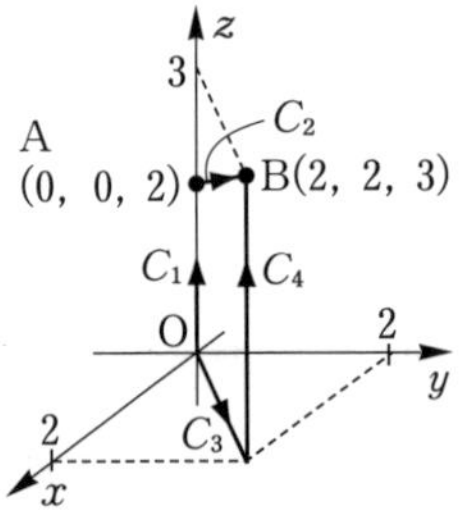

(1) スカラー場$f(x,\ y,\ z) = x+y+2z$の曲線Cに沿う線積分を求めよ。

(2) ベクトル場$\boldsymbol{f}(x,\ y,\ z) = (y,\ z,\ xy)$の曲線$C$に沿う線積分を求めよ。

考え方 2つの線分を媒介変数tで表し，それぞれに沿う線積分の値を求めて加える。

解 (1) C_1は$\boldsymbol{r} = \boldsymbol{r}(t) = (0,\ 0,\ 2t) \quad (0 \leqq t \leqq 1)$，
C_2は$\boldsymbol{r} = \boldsymbol{r}(t) = (2t,\ 2t,\ 2+t) \quad (0 \leqq t \leqq 1)$と表せる。

㋐ $\displaystyle\int_{C_1}(x+y+2z)\,ds = \int_0^1 (0+0+4t)\frac{ds}{dt}dt = 2\Big[2t^2\Big]_0^1 = 4$

↑ $\dfrac{ds}{dt} = |\boldsymbol{r}'(t)| = |(0,\ 0,\ 2)| = 2$

④ $\displaystyle\int_{C_2}(x+y+2z)\,ds=\int_0^1(2t+2t+4+2t)\frac{ds}{dt}dt$

$\displaystyle=\int_0^1(6t+4)\cdot 3\,dt=21$ ← $\dfrac{ds}{dt}=|\boldsymbol{r}'(t)|=3$

㋐，④より $\displaystyle\int_C f(x,\ y,\ z)\,ds=4+21=25$

(2) C_1 では $\boldsymbol{r}'(t)=(0,\ 0,\ 2)$，$C_2$ では $\boldsymbol{r}'(t)=(2,\ 2,\ 1)$ なので

$\displaystyle\int_{C_1}(y,\ z,\ xy)\cdot d\boldsymbol{r}=\int_0^1(0,\ 2t,\ 0)\cdot\boldsymbol{r}'(t)\,dt=0$

$\displaystyle\int_{C_2}(y,\ z,\ xy)\cdot d\boldsymbol{r}=\int_0^1(2t,\ 2+t,\ 4t^2)\cdot\boldsymbol{r}'(t)\,dt=\frac{25}{3}$

よって $\displaystyle\int_C\boldsymbol{f}(x,\ y,\ z)\cdot d\boldsymbol{r}=0+\frac{25}{3}=\frac{25}{3}$

49 原点 O から点 D$(2,\ 2,\ 0)$ に至る線分を C_3，点 D から点 E$(2,\ 2,\ 3)$ に至る線分を C_4，折れ線 C_3+C_4 を曲線 C とするとき，曲線 C に沿うスカラー場 $f(x,\ y,\ z)=x+y+2z$ とベクトル場 $\boldsymbol{f}(x,\ y,\ z)=(y,\ z,\ xy)$ の線積分をそれぞれ求めよ。

50 円柱面 $x^2+y^2=1$ の $0\leqq x,\ 0\leqq y,\ 0\leqq z\leqq 1$ である部分を S とする。S 上のベクトル場 $\boldsymbol{f}(x,\ y,\ z)=(3x,\ 2y,\ z)$ の面積分を求めよ。

51 球面 $S:\boldsymbol{r}=\boldsymbol{r}(u,\ v)=(\cos u\cos v,\ \sin u\cos v,\ \sin v)$ $\left(0\leqq u\leqq\dfrac{\pi}{2},\ 0\leqq v\leqq\dfrac{\pi}{2}\right)$ 上のベクトル場 $\boldsymbol{f}(x,\ y,\ z)=(3x,\ 2y,\ z)$ の面積分を求めよ。

52 球面 $x^2+y^2+z^2=1$ の $0\leqq x,\ 0\leqq y,\ 0\leqq z$ である部分を S とする。S 上のベクトル場 $\boldsymbol{f}(x,\ y,\ z)=(3x,\ 2y,\ z)$ の面積分を求めよ。

53 スカラー場 $f(x,\ y,\ z)$ について，ベクトル場 $\mathrm{grad}\,f$ を考える。曲線 C：$\boldsymbol{r}=\boldsymbol{r}(t)=(x(t),\ y(t),\ z(t))$ $(\alpha\leqq t\leqq\beta)$ に沿う $\mathrm{grad}\,f$ の線積分の値は，始点 $(x(\alpha),\ y(\alpha),\ z(\alpha))$ と終点 $(x(\beta),\ y(\beta),\ z(\beta))$ で決まることを示せ。

54 ベクトル場 $\boldsymbol{f}(x,\ y,\ z)$ について $\boldsymbol{f}=\pm\,\mathrm{grad}\,f$ となるようなスカラー場 $f(x,\ y,\ z)$ が存在するとき，f を $\boldsymbol{f}$ のスカラーポテンシャルという。問題 **44**(2)，(3)の $\boldsymbol{f}$ にはスカラーポテンシャル f の存在することがわかる。各々の $f(x,\ y,\ z)$ を求め，それを用いて **44**(2)，(3)の線積分の値を求めよ。

4 積分公式

◆◆◆要点◆◆◆

▶1 スカラー場の体積分

閉曲面 S で囲まれた立体 V が $a \leqq x \leqq b$, $\phi_1(x) \leqq y \leqq \phi_2(x)$, $\varphi_1(x, y) \leqq z \leqq \varphi_2(x, y)$ で表されているとき，V におけるスカラー関数 $f(x, y, z)$ の体積分は,

$$\int_V f(x, y, z)\,dV = \iiint_V f(x, y, z)\,dx\,dy\,dz$$
$$= \int_a^b \left\{ \int_{\phi_1(x)}^{\phi_2(x)} \left(\int_{\varphi_1(x, y)}^{\varphi_2(x, y)} f(x, y, z)\,dz \right) dy \right\} dx$$

・とくに $f(x, y, z) = 1$ のとき，これは立体 V の体積を表す。

▶2 ベクトル場の体積分

閉曲面 S で囲まれた立体 V が $a \leqq x \leqq b$, $\phi_1(x) \leqq y \leqq \phi_2(x)$, $\varphi_1(x, y) \leqq z \leqq \varphi_2(x, y)$ で表されているとき，V におけるベクトル関数 $\boldsymbol{f}(x, y, z) = (f_1(x, y, z), f_2(x, y, z), f_3(x, y, z))$ の体積分は

$$\int_V \boldsymbol{f}(x, y, z)\,dV = \left(\int_V f_1 dV, \int_V f_2 dV, \int_V f_3 dV \right)$$

▶3 ガウスの発散定理

閉曲面 S で囲まれた立体 V においてベクトル関数 $\boldsymbol{f}(x, y, z) = (f_1(x, y, z), f_2(x, y, z), f_3(x, y, z))$ は，V と S の上では偏導関数がすべて存在し，かつそれらが連続とする。このとき次の等式が成り立つ。

$$\int_V \mathrm{div}\boldsymbol{f} dV = \int_S \boldsymbol{f}\cdot\boldsymbol{n} dS$$

($\boldsymbol{n}$: S 上各点での外向きの単位法線ベクトル)

▶4 ストークスの定理

空間内の閉曲線 C によって囲まれる曲面 S においてベクトル関数 $\boldsymbol{f}(x, y, z) = (f_1(x, y, z), f_2(x, y, z), f_3(x, y, z))$ は C と S の上では偏導関数がすべて存在し，かつそれらが連続とする。このとき次の等式が成り立つ。

$$\int_S \mathrm{rot}\boldsymbol{f}\cdot\boldsymbol{n} dS = \int_C \boldsymbol{f}\cdot\boldsymbol{t} ds = \int_C \boldsymbol{f}\cdot d\boldsymbol{r}$$

(s : 曲線 C における曲線の長さ
$\boldsymbol{n}$: 曲面 S 上の各点での単位法線ベクトル
$\boldsymbol{t}$: 曲線 C 上の各点での単位接線ベクトル)

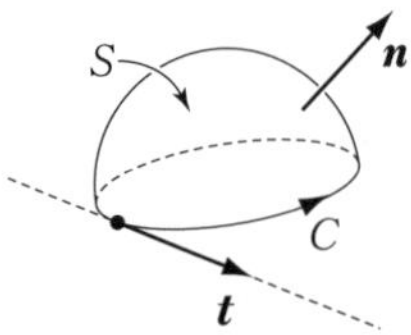

▶5 グリーンの定理

有限個の閉曲線で囲まれた xy 平面上の領域を D とする。D およびその境界で偏導関数がすべて存在し，それらが連続であるようなスカラー関数 $f_1(x,\ y)$，$f_2(x,\ y)$ について次の等式が成り立つ。

$$\iint_D \{(f_2)_x - (f_1)_y\}\,dx\,dy = \int_{\partial D} f_1\,dx + f_2\,dy \qquad (\partial D : D \text{の境界})$$

各閉曲線では D の内部が左側にある方向に積分するものとする。

A

55 4つの平面 $z = 6 - 3x - 2y$，$z = 3$，zx 平面，yz 平面で囲まれた立体を V とする。このとき $f(x,\ y,\ z) = x$ の V についての体積分と V の体積を求めよ。 (教 p.66 例 1)

* **56** 4つの平面 $x + y + z = 1$，xy 平面，yz 平面，zx 平面で囲まれた立体を V とする。このとき $f(x,\ y,\ z) = y$ の V についての体積分を求めよ。 (教 p.66 練習 1)

57 $0 \leqq x$，$0 \leqq y$，$0 \leqq z$ である領域において，回転放物面 $z = 4 - x^2 - y^2$ で囲まれた立体を V とする。このとき次の体積分の値を求めよ。 (教 p.66 例 1)

(1) $\int_V dV$（V の体積） *(2) $\int_V x\,dV$

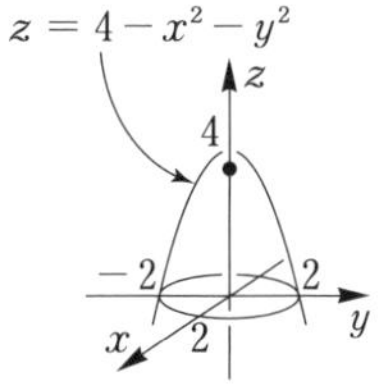

* **58** 次のベクトル場 $\boldsymbol{f}(x,\ y,\ z)$ について，立方体 $V : 0 \leqq x \leqq 1,\ 0 \leqq y \leqq 1,\ 0 \leqq z \leqq 1$ での体積分を求めよ。 (教 p.67 練習 2)

(1) $\boldsymbol{f} = (yz,\ zx,\ xy)$ (2) $\boldsymbol{f} = (x^2,\ 2y,\ 3z)$

59 $0 \leqq x$，$0 \leqq y$，$0 \leqq z$ である領域において，回転放物面 $z = 1 - x^2 - y^2$ で囲まれた立体を V とする。ベクトル場 $\boldsymbol{f}(x,\ y,\ z) = (x^2,\ 2y,\ 3z)$ について V での体積分を求めよ。 (教 p.67 練習 2)

60 ベクトル場 $\boldsymbol{f}(x,\ y,\ z) = (x^2,\ xy,\ yz)$ について，次の面 S での面積分 $\int_S \boldsymbol{f}\cdot\boldsymbol{n}\,dS$ の値を求めよ（$\boldsymbol{n}$ は外向き）。 (教 p.71 練習 3)

(1) $0 \leqq x$，$0 \leqq y$，$0 \leqq z \leqq 1$ で $x^2 + y^2 = 1$ に囲まれる立体 V の表面 S

*(2) 立方体 $0 \leqq x \leqq 1$，$0 \leqq y \leqq 1$，$0 \leqq z \leqq 1$ の表面 S

＊ **61** 球面 $x^2+y^2+z^2=1$ を S とする。このとき，ベクトル場 $\boldsymbol{f}(x,\ y,\ z)=(4x,\ 3y,\ 2z)$ の S 上の面積分の値を求めよ。 (教 p.71 例4，練習5)

62 次のベクトル場 $\boldsymbol{f}$ と半球面 S について $\int_S \mathrm{rot}\boldsymbol{f}\cdot\boldsymbol{n}\,dS$ の値を求めよ。ただし，$\boldsymbol{n}$ は原点Oから球面 $x^2+y^2+z^2=r^2$ $(r=1,\ 2)$ の外側に向かう向きの単位法線ベクトルである。 (教 p.74 例5)

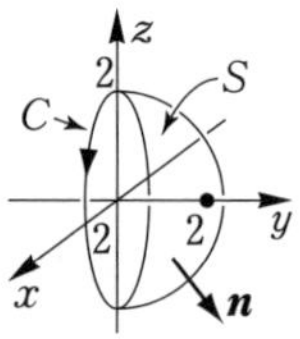

＊(1) $\boldsymbol{f}(x,\ y,\ z)=(z,\ x,\ y)$，　$S:x^2+y^2+z^2=4$ $(y\geqq 0)$

(2) $\boldsymbol{f}(x,\ y,\ z)=(z^2,\ x^3,\ y^2)$，$S:x^2+y^2+z^2=1$ $(y\geqq 0)$

63 ベクトル場 $\boldsymbol{f}(x,\ y,\ z)=(y,\ 2x,\ 3z)$ と回転放物面 $z=4-x^2-y^2$（問題**57**図）のうちの $0\leqq z\leqq 4$ である部分 S について $\int_S \mathrm{rot}\boldsymbol{f}\cdot\boldsymbol{n}\,dS$ の値を求めよ。ただし $\boldsymbol{n}$ は曲面 $z=4-x^2-y^2$ 上各点での原点Oから曲面の外側に向く向きの単位法線ベクトルとする。 (教 p.74 例5，練習6)

＊ **64** xy 平面上の，$-1\leqq x\leqq 1,\ 0\leqq y\leqq\sqrt{1-x^2}$ で表される領域を D とし，その周を C とする。ベクトル場 $\boldsymbol{f}(x,\ y,\ z)=(x^2+y^2,\ xy,\ 0)$ の C に沿う線積分を求めよ。 (教 p.76 練習7)

＊ **65** xy 平面上の正方形領域 $D:0\leqq x\leqq 1,\ 0\leqq y\leqq 1$ の境界をなす閉曲線を C とする。C に沿うベクトル場 $\boldsymbol{f}(x,\ y,\ z)=(xy,\ y+2x,\ 0)$ の線積分を求めよ。 (教 p.76 練習8)

B

66 球面 $S:x^2+y^2+z^2=4$ について次の面積分の値を求めよ。

(1) ベクトル場 $\boldsymbol{f}(x,\ y,\ z)=(2x,\ 3y,\ 4z)$ についての面積分

(2) $\int_S (2x^2+3y^2+4z^2)\,dS$

67 xy 平面上における4つの点 O$(0,\ 0,\ 0)$，P$(1,\ 0,\ 0)$，Q$(1,\ 1,\ 0)$，R$(0,\ 1,\ 0)$ について，三角形OPQの周を C_1，三角形OQRの周を C_2 とする。2つの閉曲線各々についてベクトル場 $\boldsymbol{f}(x,\ y,\ z)=(x^2y,\ xy^2,\ 0)$ の線積分の値を求めよ。

68　xy 平面上における曲線 C_1, C_2, C_3 を $0 \leqq t \leqq 1$ として次のようにとる。

C_1 : $\boldsymbol{r}=\boldsymbol{r}(t)=(t,\ t^2,\ 0)$, C_2 : $\boldsymbol{r}=\boldsymbol{r}(t)=(1-t,\ 1,\ 0)$

C_3 : $\boldsymbol{r}=\boldsymbol{r}(t)=(0,\ 1-t,\ 0)$

このとき，曲線 $C_1+C_2+C_3=C$ に沿う線積分 $\int_C x^2y\,dx+xy^2\,dy$ の値を求めよ。

例題 5　4点 (1, 0, 0), (1, 1, 0), (0, 1, 1), (0, 0, 1) を頂点とする長方形の周を C とする。C に沿うベクトル場 $\boldsymbol{f}(x,\ y,\ z)=(y^2,\ z^2,\ x^2)$ の線積分を求めよ。

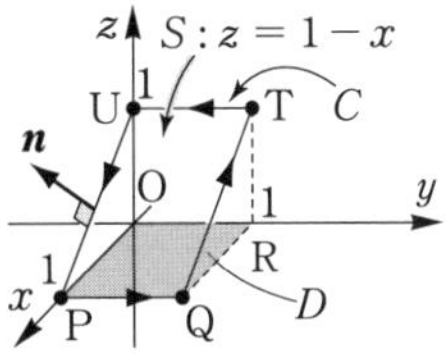

考え方　ストークスの定理より S について，ベクトル場 $\boldsymbol{f}$ の回転 $\mathrm{rot}\,\boldsymbol{f}$ の面積分を求める。上図の正方形 PQRO または RTUO について二重積分を行えばよい。

解　平面 S は $z=\varphi(x,\ y)=1-x$ であり $\varphi_x=-1$, $\varphi_y=0$ である。

$\mathrm{rot}\,\boldsymbol{f}=((x^2)_y-(z^2)_z,\ (y^2)_z-(x^2)_x,\ (z^2)_x-(y^2)_y)$ より

線積分 $\int_C \boldsymbol{f}\cdot\boldsymbol{t}\,ds=\int_S \mathrm{rot}\,\boldsymbol{f}\cdot\boldsymbol{n}\,dS$

$=\iint_D \mathrm{rot}\,\boldsymbol{f}\cdot(-\varphi_x,\ -\varphi_y,\ 1)\,dx\,dy$　　← p.16 **13**, D は正方形 PQRO

$=\iint_D -2(z,\ x,\ y)\cdot(1,\ 0,\ 1)\,dx\,dy=-2\iint_D\{(1-x)+y\}\,dx\,dy$

$=-2\int_0^1\int_0^1(1-x+y)\,dy\,dx$

$=-2\int_0^1\left[(1-x)y+\frac{1}{2}y^2\right]_0^1dx=-2\int_0^1\left(\frac{3}{2}-x\right)dx$

$=-2\left[\frac{3}{2}x-\frac{1}{2}x^2\right]_0^1=-2$

69　4点 (1, 0, 0), (0, 2, 0), (0, 2, 1), (1, 0, 1) を頂点とする長方形の周 C に沿うベクトル場 $\boldsymbol{f}=(y^2,\ z^2,\ x^2)$ の線積分を求めよ。

70　次の曲面 S : $\boldsymbol{r}=\boldsymbol{r}(u,\ v)$ の境界となっている曲線を C とする（p.20 **4** 図）。C に沿うベクトル場 $\boldsymbol{f}(x,\ y,\ z)=(4yz,\ 3y^2,\ 2xy)$ の線積分を求めよ。

(1)　S : $\boldsymbol{r}=(u\cos v,\ u\sin v,\ u)$ $(0 \leqq u \leqq 1,\ 0 \leqq v \leqq 2\pi)$

(2)　S : $\boldsymbol{r}=(u\cos v,\ u\sin v,\ u^2)$ $(0 \leqq u \leqq 1,\ 0 \leqq v \leqq 2\pi)$

71　閉曲面 S で囲まれた立体 V の体積は $\frac{1}{3}\int_S \boldsymbol{r}\cdot\boldsymbol{n}\,dS$ で表されることを示せ。

1章の問題

1 空間内の4つの点 A(1, 2, 3), B(−2, 3, 4), C(3, −4, 5), D(4, 5, −6) について次の問いに答えよ。

(1) △ABC の面積 S を求めよ。

(2) △ABC に垂直な単位ベクトル $\boldsymbol{e}$ を求めよ。

(3) 点 A, B, C, D を頂点にもつ四面体の体積 V を求めよ。

(4) ベクトル $\overrightarrow{\mathrm{AB}}$, $\overrightarrow{\mathrm{AC}}$, $\overrightarrow{\mathrm{AD}}$ はこの順で左手系をなすか，右手系をなすか。

(5) ベクトル $\boldsymbol{a}=\overrightarrow{\mathrm{OA}}$ が x 軸，y 軸，z 軸となす角をそれぞれ α, β, γ とするとき，$\boldsymbol{a}$ 方向の単位ベクトルを $\cos\alpha$, $\cos\beta$, $\cos\gamma$ で表せ。

2 ベクトル関数 $\boldsymbol{r}=\boldsymbol{r}(u,\ v)=(2\cos u\sin v,\ 2\sin u\sin v,\ 2\cos v)$ $(0\leqq u\leqq 2\pi,\ 0\leqq v\leqq\pi)$ について答えよ。

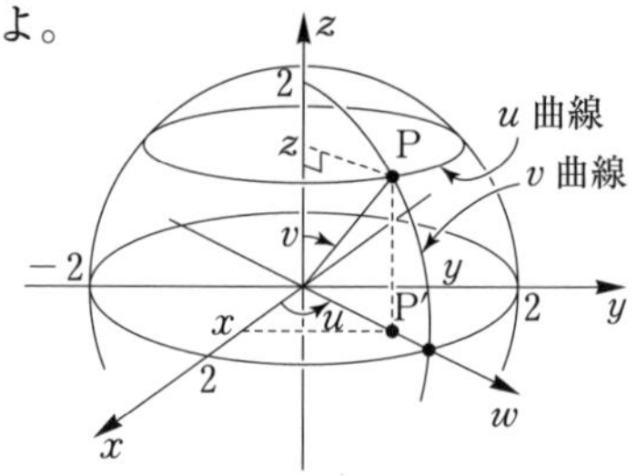

(1) 与式の表す曲面を x, y, z に関する方程式で表せ。

(2) $v=\dfrac{\pi}{6}$ のときの u 曲線を求めよ。

(3) $u=\dfrac{\pi}{3}$ のときの v 曲線を求めよ。

(4) $(u,\ v)=\left(\dfrac{\pi}{3},\ \dfrac{\pi}{6}\right)$ に対応する曲面上の点 P における u 曲線，v 曲線上の接線ベクトルをそれぞれ求めよ。

(5) 前問の点 P における接平面 H の単位法線ベクトル $\boldsymbol{n}$ を求めよ。

3 空間内の曲線 $\boldsymbol{r}=\boldsymbol{r}(t)=\left(\dfrac{2}{3}t^3,\ t^2,\ t\right)$ について次の問いに答えよ。

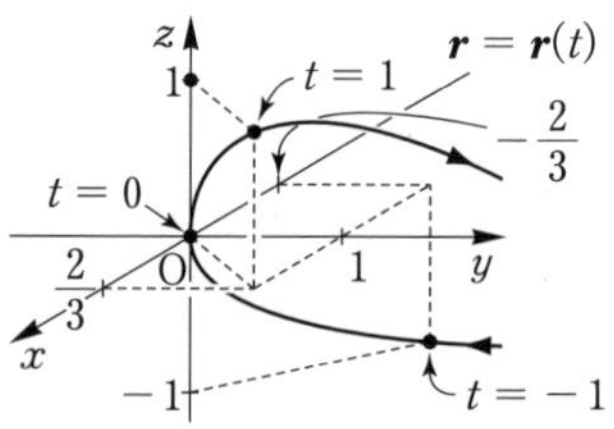

(1) 単位接線ベクトル $\boldsymbol{t}$ を求めよ。

(2) 単位主法線ベクトル $\boldsymbol{n}$ を求めよ。

(3) 単位従法線ベクトル $\boldsymbol{b}$ を求めよ。

(4) 曲率 κ を求めよ。

(5) 捩率 τ を求めよ。

(6) 原点 O での $\boldsymbol{t}$, $\boldsymbol{n}$, $\boldsymbol{b}$, κ, τ を求めたうえで，O での接触平面（$\boldsymbol{t}$ と $\boldsymbol{n}$ を含む平面），法平面（$\boldsymbol{n}$ と $\boldsymbol{b}$ を含む平面），展直平面（$\boldsymbol{b}$ と $\boldsymbol{t}$ を含む平面）の方程式をそれぞれ求めよ。

(7) $t=-1$ のときの速度 $\boldsymbol{v}$, 速さ v, 加速度 $\boldsymbol{a}$, をそれぞれ求めよ。

(8) $t=-1$ のときの加速度 $\boldsymbol{a}$ を $\boldsymbol{a}=a_t\boldsymbol{t}+a_n\boldsymbol{n}$ の形（p.9 7）にせよ。

4 スカラー場 $f(x,\ y,\ z)=x^2+y^2+z$ について次の問いに答えよ。

(1) 勾配 $\mathrm{grad}\, f$ を求めよ。

(2) 等位面 $S_2 : x^2+y^2+z=2$ 上の点 $\mathrm{P}(0,\ \sqrt{3},\ -1)$ における単位法線ベクトル $\boldsymbol{n}$ を求めよ。

(3) 点Pにおける $\boldsymbol{n}$ 方向の方向微分係数を求めよ。

(4) xy 平面上の曲線 $\boldsymbol{r}=\boldsymbol{r}(t)=(\sqrt{2}\cos t,\ \sqrt{2}\sin t,\ 0)$ $(0\leqq t\leqq 2\pi)$ に沿う線積分の値を求めよ。

(5) 曲面 $\boldsymbol{r}=(x,\ y,\ 2-x^2-y^2)$ $(z\geqq 0)$ 上の面積分を求めよ。

(6) $-1\leqq x\leqq 1,\ -1\leqq y\leqq 1,\ 0\leqq z\leqq 1$ で定められる直方体の領域を V とするとき，V における体積分を求めよ。

5 ベクトル場 $\boldsymbol{f}(x,\ y,\ z)=(xy+z,\ yz+x,\ zx+y)$ について次の問いに答えよ。

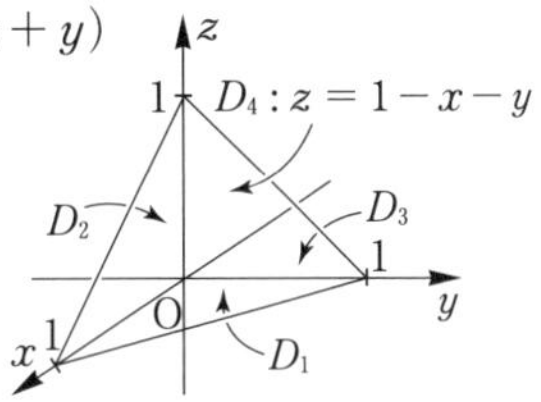

(1) 立体 V が $0\leqq x\leqq 1,\ 0\leqq y\leqq 1-x$ $0\leqq z\leqq 1-x-y$ で表されているとき体積分 $\int_V \mathrm{div}\boldsymbol{f}dV$ の値を求めよ。

(2) 次の式で定められた空間内の三角形 D_i について面積分 $\int_{D_i}\boldsymbol{f}\cdot\boldsymbol{n}dS$ $(i=1,\ 2,\ 3,\ 4)$ の値をそれぞれ求めよ。

$D_1 : 0\leqq x\leqq 1,\ 0\leqq y\leqq 1-x,\ z=0$

$D_2 : 0\leqq x\leqq 1,\ y=0,\ 0\leqq z\leqq 1-x$

$D_3 : x=0,\ 0\leqq y\leqq 1,\ 0\leqq z\leqq 1-y$

$D_4 : 0\leqq x\leqq 1,\ 0\leqq y\leqq 1,\ z=1-x-y$

(3) (1)の立体 V の表面を S として面積分 $\int_S \boldsymbol{f}\cdot\boldsymbol{n}dS$ の値を求めよ。

(4) (2)の各 D_i について面積分 $\int_{D_i}\mathrm{rot}\boldsymbol{f}\cdot\boldsymbol{n}dS$ の値を各々求めよ。

(5) 次の式で定められた空間内の曲線 C_1 に沿う線積分 $\int_{C_i}\boldsymbol{f}\cdot d\boldsymbol{r}$ $(i=1,\ 2,\ 3)$ の値を各々求めよ。ただし，いずれも $0\leqq t\leqq 1$ とする。

$C_1 : \boldsymbol{r}(t)=(t,\ 0,\ 0)$，$C_2 : \boldsymbol{r}(t)=(1-t,\ t,\ 0)$

$C_3 : \boldsymbol{r}(t)=(0,\ 1-t,\ 0)$

(6) (1)の立体 V の表面 S から xy 平面上にある底面 D_1 を除いた面を S_+ と表すとき，面積分 $\int_{S_+}\mathrm{rot}\boldsymbol{f}\cdot\boldsymbol{n}dS$ の値を求めよ。

1 複素関数

◆◆◆要点◆◆◆

▶1 複素数 —— $z = x + iy$ (x, y は実数)

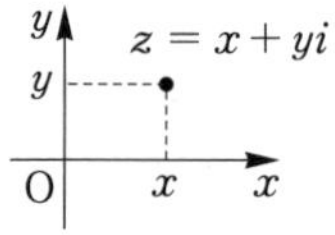

[1] $z_1 = x_1 + y_1 i$ と $z_2 = x_2 + y_2 i$ について

$z_1 = z_2 \iff x_1 = x_2$ かつ $y_1 = y_2$

[2] 実部 $\mathrm{Re}(z) = x$, 虚部 $\mathrm{Im}(z) = y$,

[3] 絶対値 $|z| = \sqrt{x^2 + y^2}$, 共役複素数 $\bar{z} = x - iy$

[4] 三角不等式 $|z_1 + z_2| \leqq |z_1| + |z_2|$

[5] 複素平面上の 2 点 z_1, z_2 の距離 $|z_2 - z_1|$

▶2 複素数の極形式 —— $z = r(\cos\theta + i\sin\theta) = re^{i\theta}$

[1] 絶対値 $|z| = |re^{i\theta}| = r$, 偏角 $\arg z = \arg(re^{i\theta}) = \theta$

$\arg z$ の主値 $\mathrm{Arg}\, z = \theta$ $(-\pi < \theta \leqq \pi)$

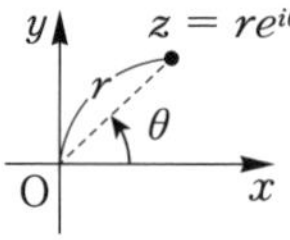

[2] $z_1 = r_1 e^{i\theta_1}$ と $z_2 = r_2 e^{i\theta_2}$ について

$z_1 = z_2 \iff r_1 = r_2$ かつ $\mathrm{Arg}\, z_1 = \mathrm{Arg}\, z_2$

[3] $|z_1 z_2| = |z_1||z_2|$, $\arg z_1 z_2 = \arg z_1 + \arg z_2$

[4] $\left|\dfrac{z_1}{z_2}\right| = \dfrac{|z_1|}{|z_2|}$, $\arg\dfrac{z_1}{z_2} = \arg z_1 - \arg z_2$

▶3 複素関数 —— $w = f(z) = f(x + iy)$

[1] 1次分数関数：$\dfrac{az + b}{cz + d}$

[2] 指数関数：$e^z = e^{x+iy} = e^x e^{iy} = e^x(\cos y + i\sin y)$

(i) $e^{z_1} e^{z_2} = e^{z_1 + z_2}$　　(ii) $\dfrac{e^{z_1}}{e^{z_2}} = e^{z_1 - z_2}$

(iii) $e^0 = 1$　　(iv) $(e^z)^n = e^{nz}$ (n は自然数)

[3] 三角関数：$\cos z = \dfrac{e^{iz} + e^{-iz}}{2}$, $\sin z = \dfrac{e^{iz} - e^{-iz}}{2i}$

(i) ① $\cos(-z) = \cos z$　② $\sin(-z) = -\sin z$

(ii) $\cos^2 z + \sin^2 z = 1$

(iii) $\cos(z_1 + z_2) = \cos z_1 \cos z_2 - \sin z_1 \sin z_2$

(iv) $\sin(z_1 + z_2) = \sin z_1 \cos z_2 + \cos z_1 \sin z_2$

[4] 双曲線関数：$\cosh z = \dfrac{e^z + e^{-z}}{2}$, $\sinh z = \dfrac{e^z - e^{-z}}{2}$

(i) ① $\cosh iz = \cos z$　② $\sinh iz = i\sin z$

(ii) $\cosh^2 z - \sinh^2 z = 1$

(iii) $\cosh(z_1 + z_2) = \cosh z_1 \cosh z_2 + \sinh z_1 \sinh z_2$

(iv) $\sinh(z_1 + z_2) = \sinh z_1 \cosh z_2 + \cosh z_1 \sinh z_2$

［5］　対数関数：$w = \log z \Longleftrightarrow z = e^w$

$\log z = \log|z| + i\arg z$　（無限多価関数）

$\mathrm{Log}\,z = \log|z| + i\,\mathrm{Arg}\,z \quad (-\pi < \mathrm{Arg}\,z \leqq \pi)$　（1価関数）

(i)　$e^{\log z} = z$　　(ii)　$\log e^z = z + 2n\pi i$（n は整数）

(iii)　$\log z_1 z_2 = \log z_1 + \log z_2$　　(iv)　$\log \dfrac{z_1}{z_2} = \log z_1 - \log z_2$

［6］　べき関数：$z^\alpha = e^{\alpha \log z} = \exp(\alpha \log z)$（$\alpha$：任意の複素数）

（無限多価関数）

とくに $\alpha = \dfrac{1}{n}$ のとき $z = re^{i\theta}$，$\sqrt[n]{r}$ を実数範囲での n 乗根とすると，

$$z^{\frac{1}{n}} = e^{\frac{1}{n}\log z} = \sqrt[n]{r}\,\exp\left\{i\left(\frac{\theta}{n} + \frac{2\pi k}{n}\right)\right\}$$

(i)　z の2乗根：$z^{\frac{1}{2}} = \sqrt{z} = \pm\sqrt{r}\,e^{i\frac{\theta}{2}}$　（2価関数）

(ii)　z の n 乗根：$z^{\frac{1}{n}} = \sqrt[n]{z} = \sqrt[n]{r}\,e^{i\frac{\theta}{n}}\omega_k$　（n 価関数）

ω_k は1の n 乗根：$\omega_k = e^{i\frac{2\pi k}{n}}$　$(k=0, 1, \cdots, n-1)$

たとえば $n = 3$ のとき $\omega_0 = e^{\frac{0}{3}\pi i} = 1$，$\omega_1 = e^{\frac{2}{3}\pi i} = -\dfrac{1}{2} + \dfrac{\sqrt{3}}{2}i$，

$$\omega_2 = e^{\frac{4}{3}\pi i} = -\frac{1}{2} - \frac{\sqrt{3}}{2}i$$

A

72　$2+3i$，$2-3i$，$-2+3i$，$-2-3i$ を複素平面上に図示したとき，第1から第4のどの象限に位置することになるかを答えよ。また，そのことに注意してこれら4つの複素数を複素平面上に図示せよ。　（教 p.80 練習1）

73　次の複素数の計算を行い $a+bi$（a，b は実数）の形にせよ。

（教 p.81 練習2）

(1)　$(4+5i)+(1-3i)$　　*(2)　$(2+3i)(3-i)$

(3)　$(2+\sqrt{3}\,i)^3$　　*(4)　$\dfrac{1+i}{(1-i)^2}$

74　$z_1 = 3+i$，$z_2 = 1-4i$ について次の式を $a+bi$（a，b は実数）の形にせよ。　（教 p.83 練習3）

(1)　$3(2z_1 - 3z_2) + z_2$　　(2)　$-3z_1 - 2(z_2 + 2z_1)$

＊ **75**　$z_1=1+i$, $z_2=2+i$ のとき，次の問いに答えよ。　（教 p.83 練習 4）

(1)　2点 z_1, z_2 の距離を求めよ。

(2)　複素数平面上で，z_1, z_2, z_3 が正三角形をつくるとき，z_3 を求めよ。

76　次の複素数を極形式で表せ。　（教 p.85 練習 5）

(1)　$1+\sqrt{3}i$　(2)　$-1-i$　(3)　$-i$

77　$z=\sqrt{3}+i$ とする。次の値を $a+bi$ の形，および極形式の形で求めよ。　（教 p.86 練習 6）

(1)　$-2z$　(2)　$(\sqrt{3}+i)z$　(3)　$(-3-\sqrt{3}i)z$

78　複素数平面上の点 z $(z\neq 0)$ に対して，次の複素数はどんな点を表すか。　（教 p.86 練習 7）

(1)　$(1-i)z$　(2)　$-(\sqrt{3}+i)z$　(3)　$\dfrac{z}{1+\sqrt{3}i}$

79　次の数の逆数を極形式で表した上で $a+bi$ (a, b は実数) の形にせよ。　（教 p.87 練習 8）

(1)　$1+i$　(2)　$-1+i$　(3)　$-\sqrt{3}+i$

80　次の複素数 z の共役複素数 $\bar{z}$ を求めよ。　（教 p.88 練習 9）

(1)　$z=1-i$　(2)　$z=3+2i$　(3)　$z=-3i$

81　$z=\sqrt{3}+i$ とするとき次の値を $a+bi$ (a, b は実数) の形および極形式で表せ。

(1)　$\dfrac{2}{z}$　(2)　$\dfrac{-\sqrt{3}+i}{z}$　(3)　$\dfrac{3-\sqrt{3}i}{z}$

82　複素平面上の点 z $(z\neq 0)$ に対して次の複素数はどんな点を表すか。　（教 p.89 練習 13）

(1)　$\dfrac{z}{-i}$　(2)　$\dfrac{z}{1-i}$　(3)　$\dfrac{z}{-1+\sqrt{3}i}$

＊ **83**　次の計算をせよ。答は $a+bi$ (a, b は実数) の形で求めよ。　（教 p.90 練習 14）

(1)　$(1+i)^4$　(2)　$(\sqrt{3}-i)^{12}$　(3)　$\dfrac{\sqrt{3}-i}{(1+\sqrt{3}i)^5}$

以下 $z=x+yi$, $w=u+vi$（x, y, u, v は実数）とする。

84　次の関数 $w=f(z)$ について u, v をそれぞれ x と y の関数で表せ。 （教 p.91 練習 15）

(1)　$f(z)=2z+3$　　(2)　$f(z)=(z+1)^2$　　(3)　$f(z)=z^2+2z$

85　関数 $w=z+i$ により z 平面上の次の各図形は w 平面上のどんな図形にうつるか。u と v の方程式の形で答えよ。 （教 p.92 練習 16）

(1)　直線 $2x-y=1$　　(2)　点 -1 中心，半径 1 の円

86　関数 $w=iz$ により，z 平面上の直線 $x=1$, $y=2$ は w 平面上のどんな図形にうつるか。u と v の方程式の形で答えよ。 （教 p.93 練習 17）

87　関数 $w=1+iz$ により，z 平面上の 2 直線 $x=1$, $y=2$ は w 平面上のどんな図形にうつるか。u と v の方程式の形で求めよ。また，それらのグラフを描け。 （教 p.93 練習 17）

＊ **88**　1 次変換 $w=\dfrac{1}{z}$ について，次の問いに答えよ。 （教 p.94 練習 18-19）

(1)　$z=1+i$ に対応する点 w を求めよ。

(2)　$z=x+iy$, $w=u+iv$ とおくとき，x, y を u, v を用いて表せ。

(3)　直線 $x=2$ はどんな図形にうつるか。

(4)　円 $|z-1|=1$ はどんな図形にうつるか。

89　実数関数の三角関数における加法定理の 2 式

$$\cos(\theta_1-\theta_2)=\cos\theta_1\cos\theta_2+\sin\theta_1\sin\theta_2$$
$$\sin(\theta_1-\theta_2)=\sin\theta_1\cos\theta_2-\cos\theta_1\sin\theta_2$$

をまとめて，1 つの複素関数の指数関数の等式で表せ。 （教 p.95 練習 20）

90　$e^z=-2$ となるような z の値を求めよ。 （教 p.96 練習 21）

91　関数 $w=e^z$ は z 平面上の次の点や直線を w 平面上のどんな図形にうつすか。(1)は $u+vi$ の形，(2)と(3)は u と v の方程式の形で答えよ。 （教 p.96 練習 22-23）

(1)　$z=1-\dfrac{\pi}{3}i$　　(2)　$x=2$　　(3)　$y=\dfrac{\pi}{3}$

92　$\sin z=2$ となるような z の値を求めよ。 （教 p.98 練習 24）

93 関数 $w=\sin z$ は z 平面上の次の直線を w 平面上のどんな図形にうつすか。u と v の方程式の形で答えよ。 (教 p.100 練習 25)

(1) $x=\dfrac{3}{4}\pi$ (2) $x=\pi$ (3) $y=2$

94 次の等式が成り立つことを証明せよ。 (教 p.100 練習 26)

(1) $\cos iz=\cosh z$ (2) $\sin iz=i\sinh z$

＊**95** 次の値を $x+iy$ の形で表せ。 (教 p.101 練習 27)

(1) $\log(2i)$ (2) $\log(\sqrt{3}+i)$ (3) $\mathrm{Log}(\sqrt{3}+i)$

96 z を複素数とするとき，一般に次の公式は成り立たないことを確認せよ。 (教 p.102 練習 28)

$$\log z^n = n\log z$$

97 関数 $w=\log z$ は z 平面上の半直線 $y=\sqrt{3}\,x$ $(x>0)$ を w 平面上のどんな図形にうつすか。 (教 p.102 練習 29)

98 次の値を $a+bi$（a，b は実数）の形で表せ。 (教 p.103 練習 30)

(1) $(-1)^{1-i}$ (2) $(1-i)^i$ (3) $(1+i)^{i+1}$

99 関数 $w=z^2$ は z 平面上の直線 $x=2$，$y=2$ をそれぞれ w 平面上のどんな図形にうつすか。u と v の方程式の形で求めよ。 (教 p.103 練習 31)

＊**100** 次の値を求めよ。 (教 p.104 練習 32)

(1) $\sqrt{1+i}$ (2) $\sqrt{-9i}$ (3) $\sqrt[3]{27i}$

＊**101** 次の方程式を解け。 (教 p.104 練習 32)

(1) $z^3=i$ (2) $z^3=8i$ (3) $z^4=-2+2\sqrt{3}\,i$

B

102 不等式 $|z_1+z_2|\leqq|z_1|+|z_2|$ を用いて，次の不等式を証明せよ。

$$-|z_1+z_2|\leqq|z_1|-|z_2|\leqq|z_1+z_2|$$

103 次の条件を満たす点 $z=x+iy$ の存在範囲を図示せよ。

(1) $|z+4|+|z|<8$

(2) $\mathrm{Re}(z^2)<1$

104 次の方程式を解け。

(1) $iz+3-2i=0$ (2) $(4+3i)\overline{z}+1+i=0$

(3) $(1+2i)z+(2-3i)\overline{z}=1$ (4) $z\overline{z}+z-2\overline{z}-1+3i=0$

例題 1 方程式 $z^2+(1+i)z+2i=0$ を解け。

考え方 2次方程式の解の公式は，根号部分が2価関数であることに注意することで複素数係数の場合にも用いることができる。すなわち，a，b，c を複素数，$a \neq 0$ とするとき，2次方程式 $az^2+bz+c=0$ の解は次の式で与えられる。

$$z=\frac{-b+\sqrt{b^2-4ac}}{2a} \quad (2\text{価関数})$$

解 解の公式より

$$z=\frac{-(1+i)+\sqrt{(1+i)^2-4(2i)}}{2}=\frac{-(1+i)+\sqrt{-6i}}{2}$$

ここで，$\sqrt{-6i}=\pm(6e^{\frac{3\pi}{2}i})^{\frac{1}{2}}=\pm\sqrt{6}\,e^{\frac{3\pi}{4}i}$

$$=\pm\sqrt{6}\left(-\frac{1}{\sqrt{2}}+\frac{1}{\sqrt{2}}i\right)=\pm(-\sqrt{3}+\sqrt{3}\,i)$$

したがって

$$z=\frac{-(1+i)\pm(-\sqrt{3}+\sqrt{3}\,i)}{2}$$

105 次の方程式を解け。

(1) $z^2-2iz+4=0$ (2) $2z^2+(1+i)z-2-i=0$

106 次の問いに答えよ。ただし，z，w は複素数とし，i は虚数単位とする。

(1) $|5z-i|=|3z-7i|$ なる方程式を満足する z を複素平面上で図示し，どのような図形となるか答えよ。

(2) (1)で求めた z に対し，

$$w=\frac{\frac{\sqrt{3}}{3}z-1}{2z+2\sqrt{3}}$$

なる変数変換を行った場合，w が満たす方程式を複素平面上で図示せよ。

107 複素数平面上で次の式を満たす点の軌跡の名称と概略図を示せ。

(1) $\left|z-\frac{\sqrt{2}}{2}-\frac{\sqrt{2}}{2}i\right|=2$ (2) $|z-\sqrt{2}\,i|=|z-\sqrt{2}\,|$

(3) $|z-\sqrt{2}\,i|+|z-\sqrt{2}\,|=4$ (4) $|z-\sqrt{2}\,i|-|z-\sqrt{2}\,|=1$

例題 2 関数 $w=z+\dfrac{1}{z}$ による円 $|z|=r$ の像は

$r=1$ のとき 線分 $v=0,\ -2\leqq u\leqq 2$

$r\fallingdotseq 1$ のとき 楕円 $\dfrac{u^2}{\left(r+\dfrac{1}{r}\right)^2}+\dfrac{v^2}{\left(r-\dfrac{1}{r}\right)^2}=1$

になることを示せ（この変換を**ジューコフスキ変換**という）。

考え方 複素数 z を極形式で扱う。

解 $z=r(\cos\theta+i\sin\theta)=re^{i\theta}$ とすると

$$w=re^{i\theta}+\frac{1}{re^{i\theta}}=r(\cos\theta+i\sin\theta)+\frac{1}{r}(\cos\theta-i\sin\theta)$$

$$=\left(r+\frac{1}{r}\right)\cos\theta+i\left(r-\frac{1}{r}\right)\sin\theta$$

$w=u+iv$ とおくと $u=\left(r+\dfrac{1}{r}\right)\cos\theta,\ v=\left(r-\dfrac{1}{r}\right)\sin\theta$

$r=1$ のとき $u=2\cos\theta,\ v=0$

よって，線分 $v=0,\ -2\leqq u\leqq 2$ にうつる。

また，$r\fallingdotseq 1$ のとき $\cos\theta=\dfrac{u}{\left(r+\dfrac{1}{r}\right)},\ \sin\theta=\dfrac{v}{\left(r-\dfrac{1}{r}\right)}$

よって，楕円 $\dfrac{u^2}{\left(r+\dfrac{1}{r}\right)^2}+\dfrac{v^2}{\left(r-\dfrac{1}{r}\right)^2}=1$ にうつる。

108 関数 $w=z+\dfrac{1}{z}$ により，z 平面上の半直線 $z=re^{i\theta}$ $(r>0)$ は w 平面上の次の図形にうつされることを示せ。$\left(0\leqq\theta\leqq\dfrac{\pi}{2}\right)$

(1) $\theta=0$ のとき半直線 $v=0,\ u\geqq 2$

(2) $0<\theta<\dfrac{\pi}{2}$ のとき双曲線 $\dfrac{u^2}{(2\cos\theta)^2}-\dfrac{v^2}{(2\sin\theta)^2}=1$ の右半分

(3) $\theta=\dfrac{\pi}{2}$ のとき直線 $u=0$

109 z を複素数とする。$z+\dfrac{1}{z}=a$ が実数であるとき，以下の問いに答えよ。

(1) z の存在する範囲を複素平面上に示せ。

(2) a のとり得る範囲を求めよ。

2 複素関数の微分

◆◆◆要点◆◆◆

▶1 正則関数

［1］ 微分係数 $f'(z)=\lim_{\Delta z\to 0}\dfrac{f(z+\Delta z)-f(z)}{\Delta z}$ が存在するとき，関数 $f(z)$ は点 z で微分可能であるという。

［2］ 関数 $f(z)$ が領域 D 内のすべての点で微分可能であるとき，$f(z)$ は D で正則であるという。

［3］ 複素微分の性質

(i) $(k)'=0$

(ii) $\{f(z)\pm g(z)\}'=f'(z)\pm g'(z)$ （複号同順）

(iii) $\{kf(z)\}'=kf'(z)$

(iv) $\{f(z)g(z)\}'=f'(z)g(z)+f(z)g'(z)$

(v) $\left(\dfrac{f(z)}{g(z)}\right)'=\dfrac{f'(z)g(z)-f(z)g'(z)}{g(z)^2}$ $(g(z)\neq 0)$

(vi) $\{f(g(z))\}'=f'(g(z))g'(z)$

(vii) n が正の整数のとき，$(z^n)'=nz^{n-1}$

▶2 コーシー・リーマンの関係式

［1］ $f(z)=u(x,\ y)+iv(x,\ y)$ が正則であるための必要十分条件は

$$u_x=v_y,\ u_y=-v_x \quad (\text{まとめて } f_x+if_y=0)$$

［2］ このとき，$f'(z)=u_x+iv_x=v_y-iu_y$

［3］ 初等関数の導関数

(i) $(e^z)'=e^z$

(ii) $(\cos z)'=-\sin z$，$(\sin z)'=\cos z$，$(\tan z)'=\sec^2 z=\dfrac{1}{\cos^2 z}$

(iii) $(\cosh z)'=\sinh z$，$(\sinh z)'=\cosh z$，

$(\tanh z)'=\mathrm{sech}^2 z=\dfrac{1}{\cosh^2 z}$

(iv) $z\neq 0$，$a<\arg z<a+2\pi$ のとき $\log z$ は1価関数となり

$(\log z)'=\dfrac{1}{z}$ （a は実数定数）

(v) $z\neq 0$，$a<\arg z<a+2\pi$ のとき z^α は1価関数となり

$(z^\alpha)'=\alpha z^{\alpha-1}$ （a は実数，α は複素数の定数）

［4］ 逆関数の微分公式

$w=g(z)$ が1価関数で $z=f(w)$，$f'(w)\neq 0$ なら $g'(z)=\dfrac{1}{f'(w)}$

［5］ 関数 $\varphi(x,\ y)$ が領域 D で連続な第 2 次導関数をもち

$$\varphi_{xx}+\varphi_{yy}=0$$

を満たすとき，$\varphi(x,\ y)$ を調和関数という。正則関数の実部と虚部は調和関数である。

▶3 等角写像

［1］ z 平面上で $z_1\to z_0$，$z_2\to z_0$ とするとき三角形 $z_0z_1z_2$ と正則関数 $w=f(z)$ によるその像である w 平面上の三角形 $w_0w_1w_2$ は限りなく相似に近づき，その伸縮率は $|f'(z_0)|$，回転角は $\arg f'(z_0)$ である。

［2］ とくに平面上の一つの図形を他の図形に変換（写像）したとき，図形上の二曲線の交角はその写像によっても等しく保たれる（等角写像）。

A

110 次の極限値を求めよ。 (教 p.107 練習 1)

(1) $\displaystyle\lim_{z\to 1+i}(z^2+z)$　　(2) $\displaystyle\lim_{z\to i}\frac{z^2+1}{z-i}$

111 次の関数を微分せよ。 (教 p.109 練習 2)

(1) z^3+2z　　(2) $(z^2-i)(z+i)$

(3) $(z^2+z+iz)^3$　　(4) $\dfrac{z+i}{(z-i)^2}$

***112** $z=x+iy$ とするとき，次の関数は正則であるか。また，正則ならば，導関数を求めよ。 (教 p.112 練習 3)

(1) $f(z)=x-iy$　　(2) $f(z)=x^2-y^2-2ixy$

(3) $f(z)=(x^2-y^2-2x+3)+i(2x-2)y$

(4) $f(z)=\dfrac{x}{x^2+y^2}-i\dfrac{y}{x^2+y^2}$

(5) $f(z)=\cos z=\cos(x+yi)=\cos x\cosh y-i\sin x\sinh y$

(6) $f(z)=\sin z=\sin(x+yi)=\sin x\cosh y+i\cos x\sinh y$

(7) $f(z)=\cosh z=\cosh(x+yi)=\cosh x\cos y+i\sinh x\sin y$

(8) $f(z)=\sinh z=\sinh(x+yi)=\sinh x\cos y+i\cosh x\sin y$

113 次の関数は調和関数であることを示せ。 (教 p.116 練習 5)

(1) $\varphi(x,\ y)=x^2-y^2$　　*(2) $\varphi(x,\ y)=e^{-x}(x\sin y-y\cos y)$

(3) $\varphi(x,\ y)=x^3-3xy^2$　　(4) $\varphi(x,\ y)=\sin x\cosh y$

114　次の関数 $u(x,\ y)$ を実部とする正則関数 $f(x,\ y)=u(x,\ y)+iv(x,\ y)$ を求めよ。　（教 p.117 練習 6）

(1)　$u(x,\ y)=x^2-y^2-3x+2$　＊(2)　$u=e^{-x}(x\sin y-y\cos y)$

115　次の関数 $w=f(z)$ による（　）内の 2 直線の像と，それらが直交する w 平面上の点を求めよ。　（教 p.119 練習 7）

(1)　$w=\cos z\ \left(x=\dfrac{\pi}{4},\ y=2\right)$　(2)　$w=\dfrac{1}{z}\ (x=2,\ y=2)$

(3)　$w=e^z\ \left(x=-1,\ y=\dfrac{2}{3}\pi\right)$　(4)　$w=(2+i)z\ (x=1,\ y=2)$

B

例題 3　関数 $w=f(z)=\cos z$ の逆関数を $\cos^{-1}z$ で表すとき，次の公式が成り立つことを示せ。ただし右辺の根号は複素関数の 2 乗根である。

$$(\cos^{-1}z)'=-\frac{1}{\sqrt{1-z^2}}$$

考え方　p.33 **2**[3](ii) $(\cos z)'=-\sin z$ と[4]逆関数の微分公式を用いる。

解　$w=g(z)=\cos^{-1}z$ は，$w=\cos z$ の文字を入れ替えて $z=f(w)=\cos w$ とし，w について解いた式なので，p.33 **2**[4]より

$$g'(z)=(\cos^{-1}z)'=\frac{1}{f'(w)}=\frac{1}{-\sin w}$$

p.26 **3**[3]より $\sin w=\sqrt{1-\cos^2 w}$ なので $(\cos^{-1}z)'=\dfrac{1}{-\sqrt{1-z^2}}$

※　三角関数・双曲線関数の逆関数：$w=\sin z$，$w=\cosh z$，$w=\sinh z$ の逆関数をそれぞれ $w=\sin^{-1}z$，$w=\cosh^{-1}z$，$w=\sinh^{-1}z$ で表す（いずれも無限多価関数)。たとえば $w=\sin^{-1}z=-i\log\{iz+\sqrt{1-z^2}\}$ と表される。

116　次の等式が成り立つことを示せ。　（教 p.95 練習 23-24）

(1)　$\dfrac{d}{dz}\sin^{-1}z=\dfrac{1}{\sqrt{1-z^2}}$　(2)　$\dfrac{d}{dz}\cosh^{-1}z=\dfrac{1}{\sqrt{z^2-1}}$

(3)　$\dfrac{d}{dz}\sinh^{-1}z=\dfrac{1}{\sqrt{z^2+1}}$

117　正則関数 $f(z)=u+iv$ に対して，次の等式が成り立つことを示せ。

(1)　$\dfrac{d^n}{dz^n}f(z)=\dfrac{\partial^n u}{\partial x^n}+i\dfrac{\partial^n v}{\partial x^n}$

(2)　$\dfrac{d^{2n}}{dz^{2n}}f(z)=(-1)^n\left(\dfrac{\partial^{2n}u}{\partial y^{2n}}+i\dfrac{\partial^{2n}v}{\partial y^{2n}}\right)$

3 複素関数の積分

◆◆◆要点◆◆◆

▶1 複素積分

［1］ 複素平面上の曲線 C が $z = z(t) = x(t) + iy(t)$ $(a \leqq t \leqq b)$ と表されていて，関数 $f(z)$ が C 上で連続であるとき

$$\int_C f(z)\,dz = \int_a^b f(z(t))\frac{dz}{dt}\,dt$$

［2］ $f(z)$ が滑らかな曲線 $C : z = z(t)$ $(a \leqq t \leqq b)$ 上で連続であるとき

$$\left|\int_C f(z)\,dz\right| \leqq \int_a^b |f(z)|\left|\frac{dz}{dt}\right|dt \leqq ML$$

ただし，C 上で $|f(z)| \leqq M$，また L は C の長さとする。

［3］ C は点 a を中心とした半径 r の円周で，積分路は C を正の向きに一周するものとすれば

$$\int_C \frac{1}{(z-a)^l}\,dz = \begin{cases} 2\pi i & (l = 1) \\ 0 & (l \neq 1) \end{cases}$$

ただし，l は整数とする。

［4］ $f(z)$ が領域 D で連続な関数で $F'(z) = f(z)$ となる正則な1価関数 $F(z)$ が存在するとき，D 内の点 α から点 β に至る任意の区分的に滑らかな曲線 C について

$$\int_C f(z)\,dz = F(\beta) - F(\alpha)$$

▶2 コーシーの積分定理

関数 $f(z)$ が単純閉曲線 C とその内部を含む領域で正則ならば

$$\int_C f(z)\,dz = 0$$

▶3 コーシーの積分公式

関数 $f(z)$ が単純閉曲線 C とその内部を含む領域で正則ならば，a を C 内の点とするとき

［1］ 正則関数の積分表示

$$f(a) = \frac{1}{2\pi i}\int_C \frac{f(z)}{z-a}\,dz$$

さらに，n を自然数とするとき

［2］ 導関数の積分表示

$$f^{(n)}(a) = \frac{n!}{2\pi i}\int_C \frac{f(z)}{(z-a)^{n+1}}\,dz$$

A

＊118　次の積分を求めよ。　(教 p.126 練習 1-2)

(1)　$\displaystyle\int_C (z^2+1)\,dz$　　$(C : z=1-t,\ 0 \leqq t \leqq 1)$

(2)　$\displaystyle\int_C (z^2+z-1)\,dz$　　$(C : z=i(1-t),\ 0 \leqq t \leqq 1)$

(3)　$\displaystyle\int_C (z-2)^3\,dz$　　$(C : z=2+e^{it},\ 0 \leqq t \leqq 2\pi)$

119　線分 $z=R+iat$ $(0 \leqq t \leqq 1)$ を C_R とおくとき次の問いに答えよ。a は実数の定数とする。　(教 p.127 練習 3)

(1)　$\left|\dfrac{dz}{dt}\right|$ を求めよ。

(2)　$|e^{-z^2}| \leqq e^{a^2-R^2}$ を示せ。

(3)　$\displaystyle\lim_{R\to\pm\infty}\int_{C_R} e^{-z^2}\,dz=0$ を示せ。

120　次の積分を求めよ。　(教 p.128 練習 4)

＊(1)　$\displaystyle\int_C z^3\,dz$　　C： 0 から $1+i$ に至る任意の曲線

(2)　$\displaystyle\int_C \sin z\,dz$　　C： 0 から i に至る任意の曲線

(3)　$\displaystyle\int_C \frac{1}{z}\,dz$　　C：i から $2i$ に至る任意の曲線

＊121　関数 $\dfrac{1}{z^2-9}$ について，次の曲線 C に沿った積分を求めよ。　(教 p.130 練習 5)

(1)　原点を中心とする単位円の上半分に沿って -1 から 1 に至る曲線

(2)　原点を中心とする単位円の右半分に沿って i から $-i$ に至る曲線

＊122　コーシーの積分公式を用いて，次の積分を求めよ。　(教 p.135 練習 6)

(1)　$\displaystyle\int_C \frac{e^z\cos z}{z-\pi}\,dz$　　$(C$：点 3 を中心とする単位円$)$

(2)　$\displaystyle\int_C \frac{z+1}{z(z-1)}\,dz$　　$(C$：原点を中心とする半径 2 の円$)$

＊123 次の積分を求めよ。 (教 p.137 練習 7)

(1) $\displaystyle\int_C \frac{z^2}{(z-3)^3}dz$ （C：点 1 を中心とする半径 3 の円）

(2) $\displaystyle\int_C \frac{z^4+iz}{(z-i)^4}dz$ （C：原点を中心とする半径 2 の円）

◇◆◇◆◇◆◇◆◇◆◇◆ **B** ◇◆◇◆◇◆◇◆◇◆◇◆

124 単純閉曲線 C と C 上にない 2 点 α, β $(\alpha \neq \beta)$ について，次のことを証明せよ。

$$\int_C \frac{1}{(z-\alpha)(z-\beta)}dz = \begin{cases} 0 & (\alpha,\ \beta\text{ が }C\text{ の外部にあるとき}) \\ 0 & (\alpha,\ \beta\text{ が }C\text{ の内部にあるとき}) \\ \dfrac{2\pi i}{\alpha-\beta} & (\alpha\text{ のみが }C\text{ の内部にあるとき}) \end{cases}$$

125 $|z-a| \leqq r$ で正則な関数 $f(z)$ について

$$f(a) = \frac{1}{2\pi}\int_0^{2\pi} f(a+re^{i\theta})\,d\theta$$

が成り立つことを証明せよ（これを**平均値の定理**という）。

126 次の広義積分を求めよ。a を実数の定数とする。

(1) $\displaystyle\int_{-\infty}^{\infty} e^{-x^2}\cos x\,dx$　　(2) $\displaystyle\int_{-\infty}^{\infty} e^{-x^2}\cos ax\,dx$

4 複素関数のべき級数展開

◆◆◆要点◆◆◆

▶1 べき級数

[1] 複素関数のべき級数展開は実関数の場合と同様に定義する。

$$f(z) = a_0 + a_1(z-\alpha) + a_2(z-\alpha)^2 + \cdots + a_n(z-\alpha)^n + \cdots$$

$$\text{収束半径} R : \begin{cases} |z-\alpha| < R \text{ のとき 収束} \\ |z-\alpha| > R \text{ のとき 発散} \end{cases}$$

[2] テイラー展開

$f(z)$ が領域 D で正則で，D 内の 1 点を α とする。円 $|z-\alpha| < R$ が D に含まれるならば，$f(z)$ は $|z-\alpha| < R$ で

$$f(z) = \sum_{n=0}^{\infty} a_n(z-\alpha)^n \quad \left(a_n = \frac{f^{(n)}(\alpha)}{n!}\right)$$

に展開できる。

[3] ローラン展開

$f(z)$ が $0 < |z-\alpha| < R$ で正則ならば，その領域内で収束する級数

$$f(z) = \sum_{n=-\infty}^{\infty} a_n(z-\alpha)^n \quad \left(a_n = \frac{1}{2\pi i}\int_C \frac{f(z)}{(z-\alpha)^{n+1}}dz\right)$$

に展開できる。

▶2 孤立特異点

点 α を中心とする十分に小さな円の内部で，$f(z)$ が α を除き正則であるとき，α を $f(z)$ の孤立特異点という。

ローラン展開の負のべきの和

$$\sum_{n=1}^{\infty} \frac{a_{-n}}{(z-\alpha)^n} = \frac{a_{-1}}{z-\alpha} + \frac{a_{-2}}{(z-\alpha)^2} + \cdots$$

をこのローラン展開の主要部という。

孤立特異点は，この主要部がどのようになっているかで，次のように分類される。

(i) 主要部がないとき：除去可能特異点

(ii) 主要部が有限個の 0 でない項からなるとき：極

(iii) 主要部が無数の項からなるとき：真性特異点

ここで，(ii)の場合，主要部の有限個の項が自然数 m に対し

$$a_{-m} \neq 0 \quad \text{かつ} \quad a_{-n} = 0 \quad (n > m)$$

となっているとき，特異点 α を $f(z)$ の m 位の極という。

▶3 留数

ローラン展開における $\dfrac{1}{z-\alpha}$ の係数 a_{-1} を留数という。

$$a_{-1}=\mathrm{Res}[f,\ \alpha]=\frac{1}{2\pi i}\int_C f(z)\,dz$$

点 α が1位の極のとき　$\mathrm{Res}[f,\ \alpha]=\lim_{z\to\alpha}(z-\alpha)f(z)$

点 α が m 位の極のとき

$$\mathrm{Res}[f,\ \alpha]=\frac{1}{(m-1)!}\lim_{z\to\alpha}\frac{d^{m-1}}{dz^{m-1}}\{(z-\alpha)^m f(z)\}$$

▶4 留数定理

単純閉曲線 C の内部にある孤立特異点 α_1, α_2, …, α_n を除き，C の周および内部で $f(z)$ が正則であるならば

$$\int_C f(z)\,dz=2\pi i(\mathrm{Res}[f,\ \alpha_1]+\mathrm{Res}[f,\ \alpha_2]+\cdots+\mathrm{Res}[f,\ \alpha_n])$$

A

127　第 n 項が次の式で表される数列の収束，発散を調べ，収束するときは極限値を求めよ。　(教 p.140 練習 1)

(1) $\dfrac{2n^2-i}{n+1}$　　(2) $\dfrac{2n^2-i}{(n+1)^2}$

(3) $\left(\dfrac{1}{\sqrt{3}+i}\right)^n$　　(4) e^{in}

128　次の級数の収束，発散を調べ，収束するときはその和を求めよ。　(教 p.141 練習 2)

(1) $\displaystyle\sum_{n=1}^{\infty}\left(\frac{1+\sqrt{3}\,i}{3}\right)^{n-1}$　　(2) $\displaystyle\sum_{n=1}^{\infty}\left(\frac{3}{1+\sqrt{3}\,i}\right)^{n-1}$

129　次の関数の（　）内の点を中心とするテイラー展開を求めよ。また，その収束半径を求めよ。　(教 p.142 練習 3，p.145 練習 4)

*(1) $\sin\dfrac{z}{2}$　$(z=0)$　　(2) $\cos 2z$　$(z=0)$

*(3) $\dfrac{1}{z-1}$　$(z=0)$　　(4) $\dfrac{1}{z-1}$　$(z=2)$

***130**　次の関数の $z=0$ を中心とするローラン展開を求めよ。　(教 p.146 練習 5)

(1) $\dfrac{\sin z}{z}$　　(2) $\dfrac{\mathrm{Log}\,(1+z)}{z}$　　(3) $ze^{\frac{1}{z}}$

131 関数 $\dfrac{1}{z^2+5z+6}$ の次の領域におけるローラン展開を求めよ。(教 p.147 練習 6)

(1) $|z|<2$ (2) $2<|z|<3$ (3) $3<|z|$

***132** 次の関数の孤立特異点の種類を求めよ。(教 p.149 練習 7)

(1) $\dfrac{\cos z}{z^5}$ (2) $\dfrac{1-\cos z}{z^2}$ (3) $\sin\dfrac{1}{z^2}$

***133** 次の関数の孤立特異点における留数を求めよ。(教 p.151 練習 8)

(1) $\dfrac{2z}{z^2-9}$ (2) $\dfrac{1}{z^2(z+1)^2}$

(3) $\dfrac{e^{-z}}{z^2+2}$ (4) $\dfrac{\sin z}{z(z-i)^3}$

134 次の積分を求めよ。(教 p.153 練習 9)

*(1) $\displaystyle\int_C \frac{3z+1}{z(z-1)}dz$ $(C:|z+1|=3)$

(2) $\displaystyle\int_C \frac{1}{z^2+1}dz$ $(C:|z|=2)$

*(3) $\displaystyle\int_C \frac{z}{z^2+4}dz$ $(C:|z|=3)$

*(4) $\displaystyle\int_C \frac{e^z}{z^2+z-6}dz$ $(C:|z-1|=2)$

(5) $\displaystyle\int_C \frac{z\sin z}{(z-2)^2(z+1)}dz$ $(C:|z-2|=1)$

135 原点を中心とする半径 1 の円を C とするとき，次の積分を求めよ。

(教 p.153 練習 10)

(1) $\displaystyle\int_C \frac{1}{3z^2-10z+3}dz$ (2) $\displaystyle\int_C \frac{1}{3z^2+8z-3}dz$

136 次の積分を求めよ。(教 p.154 練習 11)

(1) $\displaystyle\int_0^{2\pi} \frac{1}{5+4\cos\theta}d\theta$ (2) $\displaystyle\int_0^{2\pi} \frac{1}{3+2\cos\theta}d\theta$ (3) $\displaystyle\int_0^{2\pi} \frac{1}{5+2\cos\theta}d\theta$

137 複素積分を用いて，次の広義積分の値を求めよ。(教 p.156 練習 12)

(1) $\displaystyle\int_{-\infty}^{\infty} \frac{1}{x^6+1}dx$ (2) $\displaystyle\int_{-\infty}^{\infty} \frac{1}{(x^2+1)(x^2+2)(x^2+3)}dx$

138 複素積分を用いて，次の広義積分を求めよ。(教 p.158 練習 13)

(1) $\displaystyle\int_{-\infty}^{\infty} \frac{\cos x}{x^2+4}dx$ (2) $\displaystyle\int_{-\infty}^{\infty} \frac{x^3\sin\sqrt{2}\,x}{x^4+1}dx$

◇◆◇◆◇◆◇◆◇◆◇◆◇◆◇◆◇◆◇◆◇◆◇◆◇◆◇◆◇◆◇◆◇◆ **B** ◇◆◇◆◇◆◇◆◇◆◇◆◇◆◇◆◇◆◇◆◇◆◇◆◇◆◇◆◇◆◇◆◇◆

139　次の問いに答えよ。

(1)　$g(z)$，$h(z)$ が正則で，$f(z)=\dfrac{g(z)}{h(z)}$ の孤立特異点 α が1位の極であるとき，次の等式が成り立つことを証明せよ。

$$\mathrm{Res}[f,\ \alpha]=\frac{g(\alpha)}{h'(\alpha)}$$

(2)　(1)を用いて，関数 $\dfrac{\cos z}{z^2+1}$ の孤立特異点における留数を求めよ。

140　原点を中心とする半径1の円を C とするとき，次の積分を求めよ。ただし，$0<a<1$ とする。

(1)　$\displaystyle\int_C \frac{1}{(z-a)^2(1-az)^2}\,dz$　　　(2)　$\displaystyle\int_C \frac{z}{(z-a)^2(1-az)^2}\,dz$

141　次の定積分の値を求めよ。ただし $0<a<1$ とする。

(1)　$\displaystyle\int_0^{2\pi} \frac{1}{(1-2a\cos t+a^2)^2}\,dt$　　　(2)　$\displaystyle\int_0^{2\pi} \frac{\cos t}{(1-2a\cos t+a^2)^2}\,dt$

142　$a>1$ のとき，複素積分を用いて，次の積分の値を求めよ。

$$\int_0^{2\pi} \frac{1}{a+\sin\theta}\,d\theta$$

143　関数 $f(z)$ を次のように定義する。

$$f(z)=\begin{cases} \dfrac{z}{e^z-1} & (z\neq 0) \\ 1 & (z=0) \end{cases}$$

この関数は，$|z|<2\pi$ において解析的（べき級数に展開できるという意味）である。テイラー展開を

$$f(z)=\sum_{n=0}^{\infty}\frac{B_n}{n!}z^n$$

のように表し，ベルヌーイ数 B_n（$n=0,1,2,\cdots$）を定義する。

(1)　$B_0=1$，$B_1=-\dfrac{1}{2}$ を示せ。

(2)　$(e^z-1)f(z)=z$ のべき級数展開から，B_n が漸化式

$$\sum_{k=0}^{n-1}\binom{n}{k}B_k=0,\qquad \text{ただし}\binom{n}{k}\text{は2項係数を表す}$$

を満たすことを示せ。

2章の問題

1 $\left(\dfrac{\sqrt{3}-i}{1+i}\right)^8$ を計算すると，$A+Bi$ となる。A および B を求めよ。ただし，A と B は実数とする。

2 -4 の 4 乗根をすべて求めよ。

3 次の問いに答えよ。

(1) $-1+\sqrt{3}\,i$ の 3 乗根を求めよ。

(2) 1 次変換 $w=\dfrac{z+4}{z-1}$ による円 $|z|=2$ の像を求めよ。

4 以下の問いに答えよ。

(1) 次の関係式が成り立つとき，w と z との関係を求めよ。ただし，w と z は複素数である。

$$e^z=e^w$$

(2) e^z は複素数平面の全域で正則であることを示せ。

(3) $\dfrac{de^z}{dz}=e^z$ となることを示せ。

5 複素数変数 z のべき関数 $f(z)=z^i$ $(i=\sqrt{-1})$ において，$f(i)$ の値をすべて求めよ。

6 $z=x+yi$ (x, y は実数) を複素数，その共役複素数を $\bar{z}$ とする。ただし，i を虚数単位とする。

(1) $f(z)=xy+i(x^2-y^2)$ のとき，$f(-1+2i)$ を求めよ。

(2) $f(z)=z+z^2+z\bar{z}$ のとき，$f(2+i)$ を求めよ。

(3) $f(z)=x^2-y^2+2ixy$ のとき，微分可能ならば導関数を求めよ。微分不可能ならその理由を述べよ。

(4) 定積分 $\int_C z^3\,dz$ の値を求めよ。ただし，C は複素数平面上で原点を中心とする半径 r の円周上を $z=r$ から $z=ir$ まで反時計回りに $\dfrac{1}{4}$ 周する経路とする。

7 複素数 $z=x+iy$（i は虚数単位）に対して定義された複素関数 $f(z)$ は正則であり，その実部 $u=u(x,\ y)$，虚部 $v=v(x,\ y)$ は，

$$u(x,\ y)=x^3-3xy^2+x,\ v(0,\ 0)=0$$

を満たすという。以下の問いに答えよ。

(1) $v(x,y)$ を求めよ。必要があれば，$f(x)$ がコーシー・リーマンの関係式

$$\frac{\partial u}{\partial x}=\frac{\partial v}{\partial y},\ \frac{\partial u}{\partial y}=-\frac{\partial v}{\partial x}$$

を満たすことを用いてよい。

(2) $f(z)$ を求めよ。

(3) C を複素平面上の単位円周，C の向きを反時計回りとするとき，複素積分

$$\int_C \frac{f(z)}{z^2}dz$$

の値を計算せよ。

8 次の各問いに答えよ。

(1) $f(z)=\dfrac{1}{z}$ の $0<|z-2|<2$ におけるローランの展開を求めよ。すなわち，$f(z)=\sum_{k=-\infty}^{\infty}c_k(z-2)^k$ の形に表せ。

(2) 複素積分 $\displaystyle\int_C \frac{e^{z^2-z+1}}{(z-1)^2}dz$ を求めよ。ただし，曲線 C は中心が原点で半径が 2 の円周（反時計回り）とする。

9 z を複素数とする。複素平面上の経路 C に沿う積分

$$\int_C \frac{e^{az}}{1+e^z}dz \quad (0<a<1)$$

について次の問いに答えよ。

(1) 積分路 C を 4 点 $-R$，R，$R+2\pi i$，$-R+2\pi i$（$R>0$）を頂点とする長方形にとるとき，C で囲まれる領域内にある特異点，およびその点における留数を求めよ。

(2) $\displaystyle\int_{-\infty}^{\infty}\frac{e^{ax}}{1+e^x}dx$（$0<a<1$）を計算せよ。

10 留数定理を用いて次の積分を求めよ。

$$\int_{-\infty}^{\infty}\frac{x^4}{1+x^6}dx=\int_{-\infty}^{\infty}\frac{x^4}{(x^2+1)(x^4-x^2+1)}dx$$

11 i を虚数単位（$i^2=-1$），$z=x+iy$（x，y は実数）を複素数とするとき，以下の設問に答えよ。

(1) 次の複素数を $x+iy$ の形に表せ。

$$\left(\frac{3+4i}{1-2i}\right)^2+\frac{1}{(1+i)^2}$$

(2) 次の方程式の解をそれぞれ求めよ。ただし，$\log_e r$ は r の自然対数，e は自然対数の底とする。

(a) $\log z=-\dfrac{\pi}{2}i$　　　(b) $e^z=1-i$

(3) 次の関数 $f(z)$ の特異点をすべて求め，それらの点における留数を求めよ。

$$f(z)=\frac{z^2-1}{z^2+1}$$

(4) 次の積分の値を求めよ。ただし，積分路は正方向とする。

$$\int_{|z|=2}\frac{z^3+3z+1}{z^4-5z^2}dz$$

12 複素数の関数 $f(z)=\dfrac{1}{2z^2-5z+2}$ について次の問いに答えよ。ただし，積分路 C は，単位円周 $|z|=1$ を反時計回りに一周する閉曲線とする。

(1) $f(z)$ の各極における留数を求めよ。

(2) 積分 $I=\displaystyle\int_C f(z)\,dz$ の値を求めよ。

(3) $z=e^{i\theta}$（θ：実数，i：虚数単位）のとき，$\cos\theta=\alpha z+\beta z^{-1}$ を満たす実数 α，β を求めよ。

(4) 積分路 C のパラメータ表示 $C: z=e^{i\theta}$，$0\leqq\theta\leqq 2\pi$ を用いることにより，(2)の積分 I は，次のように変換できる。

$$I=\int_0^{2\pi}\frac{a}{b\cos\theta+c}d\theta\quad(a,\ b,\ c：定数)$$

a，b，c を求めよ。

1 ラプラス変換

◆◆◆要点◆◆◆

▶1 ラプラス変換

$t>0$ で定義された関数 $f(t)$ に対し

$$F(s)=\int_0^{\infty} e^{-st} f(t)\,dt$$

で定義される関数 $F(s)$ を $f(t)$ のラプラス変換といい，$\mathcal{L}[f(t)](s)$ で表す。

▶2 ヘヴィサイドの関数

次のように定義される関数 $H(t)$ をヘヴィサイドの関数という。

$$H(t)=\begin{cases}0 & (t<0)\\ 1 & (t \geqq 0)\end{cases}$$

▶3 デルタ関数

次の①，②を満たすような関数 $f(t)$ をテスト関数という。

① 適当な有限区間があり，その外では $f(t)=0$

② 任意の自然数 n に対し，連続な第 n 次導関数 $f^{(n)}(t)$ が存在する。

次の(1)，(2)をみたす $\delta(t-a)$ をデルタ関数という。

(1) $\delta(t-a)=\begin{cases}\infty & (t=a)\\ 0 & (t \neq a)\end{cases}$

(2) 任意のテスト関数 $f(t)$ に対し

$$\int_{-\infty}^{\infty} f(t)\,\delta(t-a)\,dt=f(a)$$

デルタ関数は，ふつうの意味の関数ではなく，超関数とよばれるもののひとつである。

▶4 合成積（たたみこみ）

関数 $f(t)$，$g(t)$ に対し

$$(f*g)(t)=\int_0^t f(\tau)\,g(t-\tau)\,d\tau$$

で定義される関数 $(f*g)(t)$ を $f(t)$ と $g(t)$ の合成積という。

▶5 逆ラプラス変換

関数 $F(s)$ に対し，$\mathcal{L}[f(t)](s)=F(s)$ となる区分的に連続な関数 $f(t)$ を $F(s)$ の逆ラプラス変換といい，$\mathcal{L}^{-1}[F(s)](t)$ で表す。

▶6 ラプラス変換の表

ラプラス変換および逆ラプラス変換は，次ページの表を用いて求めればよい。

ラプラス変換の表

右端数字は『新版応用数学(改訂版)』の掲載ページ

	$f(t)$	$F(s)$	
①	1	$\dfrac{1}{s}$	p. 163
②	t	$\dfrac{1}{s^2}$	p. 163
③	t^n	$\dfrac{n!}{s^{n+1}}$	p. 163
④	e^{at}	$\dfrac{1}{s-a}$	p. 164
⑤	te^{at}	$\dfrac{1}{(s-a)^2}$	p. 175
⑥	$t^n e^{at}$	$\dfrac{n!}{(s-a)^{n+1}}$	p. 175
⑦	$\sin\omega t$	$\dfrac{\omega}{s^2+\omega^2}$	p. 165
⑧	$\cos\omega t$	$\dfrac{s}{s^2+\omega^2}$	p. 165
⑨	$e^{at}\sin\omega t$	$\dfrac{\omega}{(s-a)^2+\omega^2}$	p. 175
⑩	$e^{at}\cos\omega t$	$\dfrac{s-a}{(s-a)^2+\omega^2}$	p. 175
⑪	$t\sin\omega t$	$\dfrac{2\omega s}{(s^2+\omega^2)^2}$	p. 181
⑫	$t\cos\omega t$	$\dfrac{s^2-\omega^2}{(s^2+\omega^2)^2}$	p. 181
⑬	$\sinh\omega t$	$\dfrac{\omega}{s^2-\omega^2}$	p. 174
⑭	$\cosh\omega t$	$\dfrac{s}{s^2-\omega^2}$	p. 174
⑮	$f(t)+g(t)$	$F(s)+G(s)$	p. 174

	$f(t)$	$F(s)$	
⑯	$af(t)$	$aF(s)$	p. 174
⑰	$e^{at}f(t)$	$F(s-a)$	p. 175
⑱	$H(t-k)$	$\dfrac{e^{-ks}}{s}$	p. 167
⑲	$f(t-\lambda)H(t-\lambda)$	$e^{-\lambda s}F(s)$	p. 176
⑳	$f(\lambda t)$	$\dfrac{1}{\lambda}F\left(\dfrac{s}{\lambda}\right)$	p. 178
㉑	$f'(t)$	$sF(s)-f(+0)$	p. 179
㉒	$f''(t)$	$s^2F(s)-sf(+0)-f'(+0)$	p. 179
㉓	$f^{(n)}(t)$	$s^nF(s)-s^{n-1}f(+0)-s^{n-2}f'(+0)-\cdots$ $\cdots-sf^{(n-2)}(+0)-f^{(n-1)}(+0)$	p.179
㉔	$\int_0^t f(\tau)\,d\tau$	$\dfrac{1}{s}F(s)$	p. 180
㉕	$tf(t)$	$-F'(s)$	p. 181
㉖	$t^nf(t)$	$(-1)^nF^{(n)}(s)$	p. 181
㉗	$\dfrac{f(t)}{t}$	$\int_s^\infty F(\sigma)\,d\sigma$	p. 182
㉘	$f(t)*g(t)$	$F(s)G(s)$	p. 184
㉙	$\delta(t)$	1	p. 170
㉚	$\delta(t-\lambda)$	$e^{-\lambda s}$	p. 170

a：定数，n：0 以上の整数，ω，λ：正の定数，k：負でない定数

▶7 部分分数分解について

逆ラプラス変換 $\mathscr{L}^{-1}[F(s)](t)$ を求めるときには，しばしば $F(s)$ を部分分数に分解することが必要になる。

$$F(s)=\frac{P(s)}{Q(s)}\quad (P(s)\text{ の次数} > Q(s)\text{ の次数})$$

の形の $F(s)$ については，次の 2 種類の分数式の和に分解できる。

$$\frac{A}{(s-a)^m},\quad \frac{Bs+C}{\{(s-b)^2+\omega^2\}^n}$$

ただし，これらの分母に現れる $s-a$ および $(s-b)^2+\omega^2$ は，$F(s)$ の分母 $Q(s)$ の因数である。また，指数 m，n は，例えば

$Q(s)=(s-1)^3(s^2+1)^2$ の場合

$m=1,\ 2,\ 3$ および $n=1,\ 2$

を考えればよい。すなわち

$$F(s)=\frac{A_1}{s-1}+\frac{A_2}{(s-1)^2}+\frac{A_3}{(s-1)^3}+\frac{B_1s+C_1}{s^2+1}+\frac{B_2s+C_2}{(s^2+1)^2}$$

のように分解される。さらに，A_1，A_2，A_3，B_1，B_2，C_1，C_2 を決定するには，分母を払い，両辺の係数を比較すればよい。

例 $F(s)=\dfrac{s^5+s^2+s+1}{s^2(s^2+1)^2}$ の部分分数分解

$$\frac{s^5+s^2+s+1}{s^2(s^2+1)^2}=\frac{A}{s}+\frac{B}{s^2}+\frac{Cs+D}{s^2+1}+\frac{Es+F}{(s^2+1)^2}$$

とおいて，分母を払うと

$$\begin{aligned}s^5+s^2+s+1&=As(s^2+1)^2+B(s^2+1)^2\\&\qquad+(Cs+D)s^2(s^2+1)+(Es+F)s^2\\&=(A+C)s^5+(B+D)s^4+(2A+C+E)s^3\\&\qquad+(2B+D+F)s^2+As+B\end{aligned}$$

両辺の係数を比較すると

$$\begin{cases}A+C=1\\B+D=0\\2A+C+E=0\\2B+D+F=1\\A=1\\B=1\end{cases}$$

であるから $A=1$，$B=1$，$C=0$，$D=-1$，$E=-2$，$F=0$

$$\therefore\quad F(s)=\frac{1}{s}+\frac{1}{s^2}-\frac{1}{s^2+1}-\frac{2s}{(s^2+1)^2}$$

A

＊144 次の $f(x)$ について，ラプラス変換 $\mathscr{L}[f(t)](s)$ を求めよ。

(教 p.164 練習 2)

(1) $f(x)=e^{t}$　　(2) $f(x)=e^{5t}$

(3) $f(x)=e^{-4t}$　　(4) $f(x)=e^{-3t}$

＊145 次の $f(x)$ について，ラプラス変換 $\mathscr{L}[f(t)](s)$ を求めよ。

(教 p.165 練習 3)

(1) $f(x)=\sin 3t$　　(2) $f(x)=\cos 2t$

(3) $f(x)=\cos\sqrt{3}\,t$　　(4) $f(x)=\sin\sqrt{2}\,t$

146 次の関数のグラフを描け。 (教 p.166 練習 4)

(1) $H(t-3)$　　(2) $H(t-1)-H(t-3)$

＊147 次の関数のラプラス変換を求めよ。 (教 p.167 練習 5)

(1) $H(t-4)$　　(2) $H(t-\pi)$　　(3) $H\left(t-\dfrac{1}{2}\right)$

＊148 次の関数のラプラス変換を求めよ。 (教 p.170 練習 6)

(1) $\delta(t-1)$　　(2) $\delta(t-\pi)$　　(3) $\delta\left(t-\dfrac{1}{2}\right)$

＊149 次の関数のラプラス変換を求めよ。 (教 p.174 練習 9)

(1) $3t+t^{2}$　　(2) $1-e^{3t}$

(3) $e^{t}-e^{-t}$　　(4) $2t-\sin 2t$

(5) $\sqrt{2}\sin\left(t+\dfrac{\pi}{4}\right)$　　(6) $2\cos\left(t+\dfrac{\pi}{6}\right)$

＊150 次の関数のラプラス変換を求めよ。 (教 p.175 練習 10)

(1) $e^{-t}t^{2}$　　(2) $e^{t}t$　　(3) $e^{-2t}\sin t$

(4) $e^{-t}\cos t$　　(5) $e^{t}\sin 3t$　　(6) $e^{t}\cos 2t$

＊151 次の関数のラプラス変換を求めよ。 (教 p.177 練習 11)

(1) $(t-2)^{2}H(t-2)$　　(2) $e^{t-1}H(t-1)$

∗152 $F(s)=\mathcal{L}[f(t)](s)$ とおく。次のものを $F(s)$ および s の式で表せ。

(教 p.179)

(1) $f(+0)=1$ のとき，$\mathcal{L}[f'(t)](s)$

(2) $f(+0)=1$，$f'(+0)=-1$ のとき，$\mathcal{L}[f''(t)](s)$

∗153 次の関数のラプラス変換を求めよ。 (教 p.180 練習 14)

(1) $\int_0^t e^{3\tau}d\tau$　(2) $\int_0^t (e^{\tau}-1)\,d\tau$　(3) $\int_0^t (\tau+2)\,d\tau$

(4) $\int_0^t (\tau^2+1)\,d\tau$　(5) $\int_0^t \sin 2\tau\,d\tau$　(6) $\int_0^t \cos 3\tau\,d\tau$

∗154 次の関数のラプラス変換を求めよ。 (教 p.181 練習 15)

(1) te^{-t}　(2) $t\sin 2t$　(3) $t\cos 2t$

155 次の関数のラプラス変換を求めよ。 (教 p.181 練習 16)

(1) t^2e^{-t}　(2) t^3e^{-t}　(3) $t^2\cos t$

156 関数 $\dfrac{\sin 3t}{t}$ のラプラス変換を求めよ。 (教 p.182 練習 17)

∗157 次の $f(t)$，$g(t)$ について，合成積 $(f*g)(t)$ を求めよ。 (教 p.183 練習 18)

(1) $f(t)=\sin t$，$g(t)=\sin t$

(2) $f(t)=e^{-t}$，$g(t)=t$

∗158 次の問いに答えよ。 (教 p.184 練習 19)

(1) $e^t*\sin t=\dfrac{1}{2}(e^t-\cos t-\sin t)$ を示せ。

(2) 合成積（たたみこみ）のラプラス変換を利用して，

$\mathcal{L}\left[\dfrac{1}{2}(e^t-\cos t-\sin t)\right]$ を求めよ。

∗159 次の関数の逆ラプラス変換を求めよ。 (教 p.189 練習 20)

(1) $\dfrac{2}{s}$　(2) $\dfrac{6}{s^4}$　(3) $\dfrac{1}{s-3}$

(4) $\dfrac{1}{s+4}$　(5) $\dfrac{2}{s^2+4}$　(6) $\dfrac{s}{s^2+9}$

∗160 次の関数の逆ラプラス変換を求めよ。 (教 p.190 練習 21)

(1) $\dfrac{4}{s^2-4}$　(2) $\dfrac{1}{s^2-s}$　(3) $\dfrac{4}{s^2+2s-3}$

＊161 次の関数の逆ラプラス変換を求めよ。 (教 p.190 練習 22)

(1) $\dfrac{s+1}{(s+2)^2}$　(2) $\dfrac{s^2+s-2}{(s-2)s^2}$

(3) $\dfrac{3}{(s^2+1)(s^2+4)}$

＊162 次の関数の逆ラプラス変換を求めよ。 (教 p.191 練習 23)

(1) $\dfrac{1}{s^2+2s+2}$　(2) $\dfrac{s-2}{s^2-4s+5}$

(3) $\dfrac{s+3}{s^2+2s+5}$　(4) $\dfrac{s-4}{s^2-2s+10}$

＊163 次の関数の逆ラプラス変換を求めよ。 (教 p.191 練習 24)

(1) $\dfrac{6s}{(s^2+9)^2}$　(2) $\dfrac{s^2-9}{(s^2+9)^2}$　(3) $\dfrac{s^2-2}{(s^2+2)^2}$

B

＊164 次の関数のラプラス変換を求めよ。

(1) $\dfrac{1}{e^{2t}}$　(2) $e^{\frac{t}{3}}$　(3) $\dfrac{1}{\sqrt{e^t}}$

(4) $\cos\dfrac{t}{2}$　(5) $\sin\dfrac{t}{3}$　(6) $\sin\dfrac{3t}{2}$

(7) $1-2\sin^2 t$　(8) $\sin^2 t$　(9) $2\cos^2\dfrac{t}{3}-1$

＊165 次の関数のラプラス変換を求めよ。ただし $\delta(\lambda t)=\dfrac{1}{\lambda}\delta(t)$ $(\lambda>0)$ とする。

(1) $H(t-4)$　(2) $\delta(3t)$　(3) $\delta(3t-6)$

(4) $\delta\left(\dfrac{t}{2}\right)$　(5) $\delta\left(\dfrac{t-1}{2}\right)$　(6) $\delta\left(\dfrac{t-2}{3}\right)$

＊166 次の関数のラプラス変換を求めよ。

(1) $\dfrac{1}{2}t^2+3t-4$　(2) $e^{-6t}-t$　(3) $\left(e^{\frac{t}{2}}+e^{-\frac{t}{2}}\right)^2$

(4) $2\sin\left(2t-\dfrac{\pi}{3}\right)$　(5) $e^{3t}\sin 2t$　(6) $e^{-t}\cos\dfrac{t}{2}$

(7) $H(t-\pi)\sin t$　(8) $H\left(t-\dfrac{\pi}{2}\right)\cos t$　(9) $e^t H(t-1)$

167 次の関数のラプラス変換を求めよ。

(1) $\int_0^t te^{2t}dt$　(2) $\int_0^t e^t \sin 2t\,dt$　(3) $\int_0^t e^t \cos t\,dt$

(4) $\int_0^t (e^t + e^{-t})\,dt$　(5) $\int_0^t t\sin t\,dt$　(6) $te^{-t}\sin t$

(7) $te^t \cos t$　(8) $t\cos^2 t$　(9) $t(e^t * t)$

168 $\sinh t = \dfrac{e^t - e^{-t}}{2}$，$\cosh t = \dfrac{e^t + e^{-t}}{2}$ について，次の式が成り立つことを示せ。ただし，ω は正の定数である。

(1) $\mathcal{L}[\sinh \omega t](s) = \dfrac{\omega}{s^2 - \omega^2}$

(2) $\mathcal{L}[\cosh \omega t](s) = \dfrac{s}{s^2 - \omega^2}$

(3) $\mathcal{L}[t\sinh \omega t](s) = \dfrac{2\omega s}{(s^2 - \omega^2)^2}$

(4) $\mathcal{L}[t\cosh \omega t](s) = \dfrac{s^2 + \omega^2}{(s^2 - \omega^2)^2}$

169 $F(s) = \mathcal{L}[f(t)](s)$ とする。次の問いに答えよ。

(1) $\mathcal{L}[(f * g)(t)](s) = \mathcal{L}[f(t)](s) \cdot \mathcal{L}[g(t)](s)$ および

合成積の性質 $(f * 1)(t) = \int_0^t f(\tau)\,d\tau$ を用いて，次の式を示せ。

$$\mathcal{L}\left[\int_0^t f(\tau)\,d\tau\right](s) = \frac{1}{s}F(s)$$

(2) $\mathcal{L}[tf(t)](s) = -F'(s)$ を用いて，次の式を示せ。

$$\mathcal{L}\left[\int_0^t \tau f(\tau)\,d\tau\right](s) = -\frac{F'(s)}{s}$$

＊170 次の関数の逆ラプラス変換を求めよ。

(1) $\dfrac{s+3}{s^2+9}$　(2) $\dfrac{2s+1}{s^2+4}$

(3) $\dfrac{s+1}{(s+2)^2}$　(4) $\dfrac{s^2-2s+3}{(s-1)^3}$

(5) $\dfrac{2s+7}{s^2+7s-18}$　(6) $\dfrac{3s}{2s^2+s-1}$

(7) $\dfrac{s^2+s+2}{s^3-2s^2+4s-8}$　(8) $\dfrac{s^2+4s+2}{s^3+3s^2+2s}$

(9) $-\dfrac{4s}{s^4-1}$

＊171 次の関数の逆ラプラス変換を求めよ。

(1) $\dfrac{s^2-s+2}{s^3-2s^2+2s}$ (2) $\dfrac{s^3-2s-2}{s^4+2s^3+2s^2}$

(3) $\dfrac{2(s-2)^2}{(s^2+4)^2}$ (4) $\dfrac{s^3+s^2+s-1}{(s^2+1)^2}$

(5) $\dfrac{s^3-s}{(s^2+1)^2}$ (6) $\dfrac{4s-4}{(s^2-2s+5)^2}$

＊172 次の関数の逆ラプラス変換を求めよ。

(1) 2 (2) -1 (3) e^{-3s}

(4) $e^{-\frac{s}{2}}$ (5) $\dfrac{e^{-2s}}{s}$ (6) $\dfrac{1}{se^s}$

173 a を定数，λ，ω を正の定数とする。次の式を示せ。

(1) $\mathcal{L}^{-1}\left[\dfrac{e^{-\lambda s}}{s^2}\right](t)=(t-\lambda)H(t-\lambda)$

(2) $\mathcal{L}^{-1}\left[\dfrac{e^{-\lambda s}}{s-a}\right](t)=e^{a(t-\lambda)}H(t-\lambda)$

(3) $\mathcal{L}^{-1}\left[\dfrac{e^{-\lambda s}}{(s-a)^2}\right](t)=(t-\lambda)e^{a(t-\lambda)}H(t-\lambda)$

174 $f(t)$，$g(t)$ は実数全体で定義された微分可能な関数で，$f'(t)$，$g'(t)$ は連続とする。次の式を示せ。
ただし，$F(s)=\mathcal{L}[f(t)](s)$，$G(s)=\mathcal{L}[g(t)](s)$ である。

(1) $(f*g)(0)=0$

(2) $\mathcal{L}[(f*g)'(t)](s)=sF(s)G(s)$

(3) $\mathcal{L}[(f*g')(t)+g(0)f(t)](s)=sF(s)G(s)$

(4) $(f*g)'(t)=(f*g')(t)+g(0)f(t)$

175 $(f*g)'(t)=\mathcal{L}^{-1}[sF(s)G(s)](t)$ を用いて次を求めよ。

(1) $(t*t)'$ (2) $(t*\cos t)'$ (3) $(t*e^t)'$

(4) $(t*\sin t)'$ (5) $(t\cos t*\sinh t)'$ (6) $(e^t*e^{-t})'$

176 次の広義積分の値を求めよ。

(1) $\displaystyle\int_0^\infty \frac{1}{t}e^{-2t}\sin t\cos t\,dt$ (2) $\displaystyle\int_0^\infty \frac{1}{t}e^{-t}(1*\cos t)\,dt$

(3) $\displaystyle\int_0^\infty te^{-\frac{t}{2}}\sin t\,dt$ (4) $\displaystyle\int_0^\infty te^{-t}(t*\cos t)\,dt$

2 ラプラス変換の応用

◆◆◆要点◆◆◆

▶1 定数係数線形微分方程式の初期値問題

1 階の場合：$ax' + bx = r(t)$，$x_0 = x(t_0)$

2 階の場合：$ax'' + bx' + cx = r(t)$，$x_0 = x(t_0)$，$x_1 = x'(t_0)$

のような初期条件を与えられた定数係数線形微分方程式は，下図のようにラプラス変換を用いて解くことができる。

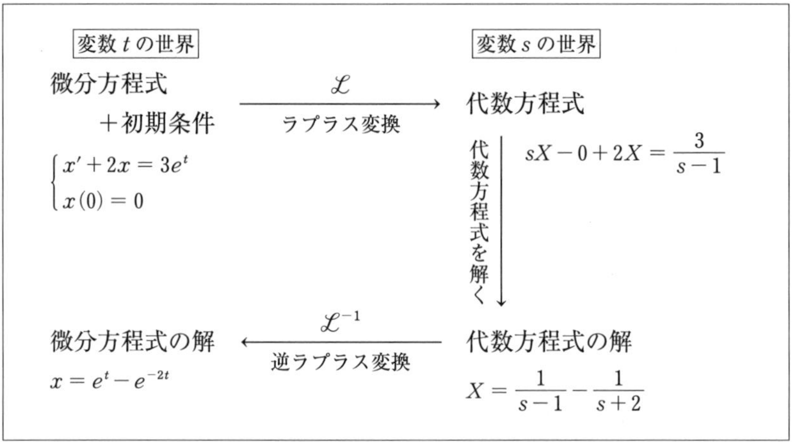

▶2 定数係数線形微分方程式の境界値問題

定数係数の 2 階線形微分方程式 $ax'' + bx' + cx = r(t)$ において

$$x(t_0) = x_0,\ x'(t_1) + 2x(t_1) = x_1 \quad \cdots\cdots ①$$

のような異なる 2 点 $t = t_0,\ t_1$ での x，x' の値に関する条件を満たす解を求める問題を境界値問題といい，①を境界条件という。

定数係数 2 階線形微分方程式の境界値問題は，ラプラス変換を用いて解くことができる。

A

＊177 ラプラス変換を用いて，次の微分方程式を解け。 (教 p.195 練習 1)

(1) $x' + 2x = 3e^t$，$x(0) = 0$　　(2) $x' - x = -2e^{-t}$，$x(0) = 2$

(3) $x' - x = 1$，$x(0) = 1$　　(4) $2x' + x = 3$，$x(0) = 2$

(5) $x' + x = t + 1$，$x(0) = -1$　　(6) $x' + x = 2\cos t$，$x(0) = 1$

＊178 ラプラス変換を用いて一般解を求めよ。 (教 p.195 練習 2)

(1) $x' + x = e^{-t}$ (2) $x' - 2x = 2$ (3) $2x' - x = e^{t}$

＊179 ラプラス変換を用いて，次の微分方程式を解け。 (教 p.196 練習 3)

(1) $x'' + x = 5e^{2t}$，$x(0) = 0$，$x'(0) = 1$

(2) $x'' + x = t$，$x(0) = 0$，$x'(0) = -1$

(3) $x'' - x = 4$，$x(0) = 2$，$x'(0) = 0$

(4) $x'' - x = 4\sin t$，$x(0) = 0$，$x'(0) = -8$

(5) $x'' + x = -2e^{t}$，$x(0) = 1$，$x'(0) = -2$

＊180 ラプラス変換を用いて，次の微分方程式を解け。 (教 p.197 練習 4)

(1) $x'' - 2x' + x = 1$，$x(0) = 1$，$x'(0) = 1$

(2) $x'' + x' - 2x = 6$，$x(0) = 6$，$x'(0) = -6$

(3) $x'' - 2x' - 3x = 9t$，$x(0) = 9$，$x'(0) = 18$

(4) $x'' - x' - 2x = 9e^{-t}$，$x(0) = 0$，$x'(0) = 9$

(5) $x'' + 3x' + 2x = -10\sin t$，$x(0) = 0$，$x'(0) = 5$

＊181 ラプラス変換を用いて，次の境界値問題を解け。 (教 p.199 練習 5-6)

(1) $x'' + x = 1$，$x(0) = 0$，$x\left(\dfrac{\pi}{2}\right) = 0$

(2) $x'' + x = t$，$x(0) = 0$，$x\left(\dfrac{\pi}{2}\right) = \dfrac{\pi}{2} - 1$

(3) $x'' - x = 1$，$x(0) = 0$，$x(1) = e^{-1} - 1$

(4) $x'' - 2x' + x = 2e^{t}$，$x(0) = 0$，$x(1) = 2e$

(5) $x'' + 4x' + 4x = e^{-2t}$，$x(0) = 0$，$x(1) = e^{-2}$

182 1オームの抵抗と1ファラドのコンデンサを定電圧1ボルトの電源に直列につないだ回路がある。時刻 t におけるコンデンサの電荷を $q(t)$ クーロンとする。次の(1)〜(3)に答えよ。 (教 p.201 練習 7)

(1) 電荷を微分した q' が電流に等しいこと，および，抵抗にかかる電圧とコンデンサにかかる電圧の和が全電圧に等しいことに基づき，この回路の微分方程式をたてよ。

(2) ラプラス変換を用いて，初期条件 $q(0) = 2$ のもとで(1)の微分方程式を解け。

(3) 電荷が $q(t) < \dfrac{3}{2}$ となる t の範囲を求めよ。

183 質量1の質点Pが外力 $-5x$ および粘性抵抗 $-2x'$ を受けて x 軸上を運動している。Pの運動を表す関数を $x(t)$ とする。次の(1)〜(3)に答えよ。

(教 p.203 練習 8)

(1) 質量Pの運動方程式をたてよ。

(2) ラプラス変換を用いて，初期条件 $x(0)=1$，$x'(0)=1$ のもとで $x(t)$ を求めよ。

(3) (1)の運動は，減衰振動，臨界減衰，過減衰のいずれであるか答えよ。

184 長さ1の梁が $t=0$，$t=1$ で両端を固定されている。この梁に単位長さ当たり1の力が加わったときのたわみを表す関数を $x(t)$ とする。次の(1)〜(3)に答えよ。

(教 p.204 練習 9)

(1) ヤング率を1，断面2次モーメントを1として，弾性曲線方程式をたてよ。

(2) (1)の弾性曲線方程式を解け。

(3) 梁の中央におけるたわみを求めよ。

185 次の積分方程式を解け。

(教 p.207 練習 10)

(1) $\displaystyle\int_0^t f(u)\cos(t-u)\,du=\sin t$

(2) $\displaystyle\int_0^t f(u)\sin(t-u)\,du=t^3$

(3) $\displaystyle\int_0^t f(u)\cos(t-u)\,du=t^2$

(4) $\displaystyle\int_0^t f(u)e^{t-u}\,du=t^2$

B

***186** ラプラス変換を用いて，次の初期値問題を解け。

(1) $x'+x=t$，$x(0)=1$

(2) $x'+2x=9te^t$，$x(0)=9$

(3) $x''-4x'+4x=-4$，$x(0)=0$，$x'(0)=2$

(4) $x''+2x'+x=e^{-t}\cos t$，$x(0)=1$，$x'(0)=-1$

(5) $x''+4x=4\cos 2t$，$x(0)=0$，$x'(0)=0$

(6) $x''+2x'+2x=2e^{-t}(\cos t-\sin t)$，$x(0)=0$，$x'(0)=1$

＊187 ラプラス変換を用いて，次の境界値問題を解け。

(1) $x'' - x = 2e^{t}$，$x(0) = 0$，$x(1) = 2e - e^{-1}$

(2) $x'' + x = 2\cos t$，$x(0) = 0$，$x\left(\dfrac{\pi}{6}\right) = \dfrac{7\pi}{12}$

(3) $x'' + x' = e^{-t}$，$x(0) = 0$，$x'(1) - x(1) = e^{-1}$

(4) $x'' - x' = 2\sin t$，$x(0) = 0$，$x'(\pi) - x(\pi) = 2$

(5) $x'' + 2x' - 3x = 4e^{t}$，$x(0) = 0$，$x'(1) - x(1) = e + 4e^{-3}$

188 R オームの抵抗と C ファラドのコンデンサを $\sin t$ ボルトの電源に直列につないだ回路がある。時刻 t におけるコンデンサの電荷を $q(t)$ クーロンとする。初期条件 $q(0) = 0$ のもとで $q(t)$ を求めよ。

189 x 軸上を次の微分方程式にしたがって運動する点 P がある。ただし，$x(t)$ は P の座標である。

$$x'' + 8x' + 20x = 0$$

次の条件(1)〜(3)のもとで，それぞれ $x(t)$ を求めよ。

(1) 初期条件 $x(0) = 1$，$x'(0) = 0$

(2) 境界条件 $x(0) = 0$，$x'\left(\dfrac{\pi}{4}\right) = 4e^{-\pi}$

(3) 境界条件 $x(\pi) = e^{-4\pi}$，$x'(\pi) = 2e^{-4\pi}$

190 長さ 1 の梁が $t = 0$ で支えられ，$t = 1$ で固定されている。この梁に単位長さ当たり 1 の力が加わったときのたわみ $x(t)$ は，弾性曲線方程式

$$\frac{d^4x}{dt^4} = -\frac{1}{EI}$$

を境界条件 $x(0) = 0$，$x(1) = 0$，$x'(1) = 0$，$x''(0) = 0$ のもとで解いたものとして得られる。ただし，E，I はそれぞれヤング率，断面 2 次モーメントとよばれる定数である。梁のたわみ $x(t)$ を求めよ。

191 次の積分方程式を解け。

(1) $\displaystyle\int_0^t f(u)\sqrt{t-u}\,du = t$

(2) $\displaystyle\int_0^t f(u)e^{u-t}\,du = e^{t}\sin t$

ただし，$\mathscr{L}[\sqrt{t}\,](s) = \dfrac{1}{2}\sqrt{\pi}\cdot\dfrac{1}{s^{\frac{3}{2}}}$，$\mathscr{L}\left[\dfrac{1}{\sqrt{t}}\right](s) = \sqrt{\pi}\cdot\dfrac{1}{s^{\frac{1}{2}}}$ を用いてよい。

3章の問題

＊ **1** 次の関数のラプラス変換を求めよ。

(1) $(2t-1)(t+3)e^{-t}$ (2) $(t+\cos t)e^{2t}$

(3) $(\sin t-\cos t)^2$ (4) $t*\cos t$

(5) $\delta(2t-1)$ (6) $(1-e^{\frac{t}{2}})\sin\sqrt{2}\,t$

ただし $\delta(\lambda t)=\dfrac{1}{\lambda}\delta(t)$ $(\lambda>0)$ とする。

＊ **2** 次の関数のラプラス変換を求めよ。

(1) $2\sin t\cos t\cos 2t$ (2) $(e^{-t}+e^{2t})^3$

(3) $\dfrac{\sin 3t}{t}$ (4) $H(2t-1)$

(5) $\cosh^2 t-\sinh^2 t$ (6) $(t-\sin t)^2$

(7) $\displaystyle\int_0^t \tau^2 e^{\tau}d\tau$ (8) $\dfrac{1}{\sqrt{t}\,e^t}$

ただし $\mathcal{L}\left[\dfrac{1}{\sqrt{t}}\right](s)=\sqrt{\dfrac{\pi}{s}}$ とする。

＊ **3** 次の関数の逆ラプラス変換を求めよ。

(1) $\dfrac{1}{2s+1}$ (2) $\dfrac{1}{(2s-3)^2}$

(3) $\dfrac{1}{s^2+3}$ (4) $\dfrac{s^2-3}{(s^2+3)^2}$

(5) $\dfrac{s}{s^2-6s+12}$ (6) $\dfrac{e^{-3s}}{s}$

(7) $\dfrac{1-s}{s}$ (8) $\sqrt{\dfrac{\pi}{s-1}}$

＊ **4** 次の広義積分の値を求めよ。

(1) $\displaystyle\int_0^{\infty} e^{-t}\sin^2 t\,dt$ (2) $\displaystyle\int_0^{\infty} e^{-\pi t}\sqrt{t}\,dt$

ただし $\mathcal{L}[\sqrt{t}\,](s)=\dfrac{1}{2}\sqrt{\dfrac{\pi}{s^3}}$ とする。

5 次の問いに答えよ。

(1) $\mathcal{L}[t^2*\cos t](s)=2\mathcal{L}[t*\sin t](s)$ を示せ。

(2) $s>0$ のとき，実数 $r>0$ について，次の式を示せ。

$$\mathcal{L}[t^r*\cos t](s)=r\mathcal{L}[t^{r-1}*\sin t](s)$$

＊ **6** ラプラス変換を用いて，次の初期値問題を解け。

(1) $4x'' - x = -\sin\dfrac{t}{2}$，$x(0) = 0$，$x'(0) = \dfrac{5}{4}$

(2) $2x'' + x' - x = 9e^{-t}$，$x(0) = 1$，$x'(0) = -1$

(3) $4x'' + 4x' - 3x = 18 - 9t$，$x(0) = 1$，$x'(0) = \dfrac{1}{2}$

＊ **7** ラプラス変換を用いて，次の境界値問題を解け。

(1) $4x'' + 12x' + 9x = 9$，$x(0) = 1$，$x'(1) = e^{-2}$

(2) $x'' - x' = te^{t}$，$x(0) = 0$，$x'(1) = e$

(3) $2x'' - x' = \sqrt{t} - \dfrac{1}{\sqrt{t}}$，$x(0) = 1$，$x'(1) = \dfrac{\sqrt{e} - 1}{2}$

ただし，前ページの問題 2， 4 に記した公式を用いてもよい。

8 関数 $f_n(t)$ $(n=1, 2, 3, \cdots)$ を

$$f_n(t) = \frac{e^t}{n!}\frac{d^n}{dt^n}(t^n e^{-t})$$

で定義する。(1)〜(3)に答えよ。

(1) $\mathscr{L}[f_1(t) f_2(t)](1)$ を求めよ。

(2) ライプニッツの公式を用いて，次の式を示せ。

$$f_n(t) = \sum_{r=0}^{n} {}_n\mathrm{C}_r \frac{(-1)^{n-r}}{(n-r)!} t^{n-r}$$

(3) 任意の n について，次の広義積分の値が 0 であることを示せ。

$$\int_0^\infty e^{-t} f_n(t)\, dt$$

9 関数 $x(t)$ が次の積分方程式を満たすとき，(1)，(2)に答えよ。

$$x(t) = \frac{3}{2}\int_0^t x(u)\sin 2(t-u)\, du + t$$

(1) この積分方程式を解き，$x(t)$ を求めよ。

(2) 定積分 $\displaystyle\int_\pi^{2\pi} x(u)\sin 2u\, du$ の値を求めよ。

1 フーリエ級数

◆◆◆要点◆◆◆

▶1 周期 $2L$ の周期関数 $f(x)$ のフーリエ級数

$$f(x) \sim \frac{a_0}{2} + \sum_{n=1}^{\infty}\left(a_n\cos\left(\frac{n\pi}{L}x\right) + b_n\sin\left(\frac{n\pi}{L}x\right)\right) \quad \cdots\cdots①$$

ここでフーリエ係数 a_n，b_n は次の式で求められる。

$$a_n = \frac{1}{L}\int_{-L}^{L} f(x)\cos\left(\frac{n\pi}{L}x\right)dx \quad (n=0, 1, 2, \cdots)$$

$$b_n = \frac{1}{L}\int_{-L}^{L} f(x)\sin\left(\frac{n\pi}{L}x\right)dx \quad (n=1, 2, \cdots)$$

とくに，

［1］ $f(x)$ が**偶関数のとき**：

$$f(x) \sim \frac{a_0}{2} + \sum_{n=1}^{\infty} a_n\cos\left(\frac{n\pi}{L}x\right)$$

$b_n = 0$ より①は偶関数部分だけで構成される。

これを**フーリエ余弦級数**という。

［2］ $f(x)$ が**奇関数のとき**：

$$f(x) \sim \sum_{n=1}^{\infty} b_n\sin\left(\frac{n\pi}{L}x\right)$$

$a_n = 0$ より①は奇関数部分だけで構成される。

これを**フーリエ正弦級数**という。

［3］ $f(x)$ $(0 \leqq x < L)$ を $f(-x) = -f(x)$ $[f(-x) = f(x)]$ として $-L \leqq x < L$ 上の奇関数［偶関数］に拡張し，$f(x+2L) = f(x)$ により周期 $2L$ の周期関数に拡張したものを $f(x)$ の奇関数拡張［偶関数拡張］という。

▶2 フーリエ級数の収束性

関数 $f(x)$ は周期 2π をもつ周期関数で，区分的に滑らかとする。

このとき次の式が成り立つ。

$$\frac{f(x-0)+f(x+0)}{2} = \frac{a_0}{2} + \sum_{n=1}^{\infty}\left(a_n\cos\left(\frac{n\pi}{L}x\right) + b_n\sin\left(\frac{n\pi}{L}x\right)\right)$$

とくに，$f(x)$ が連続な点 x では $\dfrac{f(x-0)+f(x+0)}{2} = f(x)$

であるから，フーリエ級数は $f(x)$ に収束する。

▶3 周期 $2L$ の周期関数の複素フーリエ級数

$$f(x) \sim \sum_{n=-\infty}^{\infty} c_n e^{i\frac{n\pi x}{L}} \quad \cdots\cdots ①$$

ここでフーリエ係数 c_n は次の式で求められる。

$$c_n = \frac{1}{2L}\int_{-L}^{L} f(x) e^{-i\frac{n\pi x}{L}} dx \quad \cdots\cdots ②$$

A

192 n, k が次の値のとき $\int_{-\pi}^{\pi} \cos nx \cos kx\, dx$ の値を求めよ。 (教 p.215 練習 4)

(1) $n=5$, $k=3$　　(2) $n=4$, $k=4$

193 次の関数のフーリエ級数を求めよ。 (教 p.218 練習 6, 219 練習 7)

*(1) $f(x)=\begin{cases} 0 & (-\pi \leqq x < 0) \\ \pi & (0 \leqq x < \pi) \end{cases}$, $f(x+2\pi)=f(x)$

(2) $f(x)=\begin{cases} -x & (-\pi \leqq x < 0) \\ 0 & (0 \leqq x < \pi) \end{cases}$, $f(x+2\pi)=f(x)$

(3) $f(x)=\begin{cases} 0 & (-\pi \leqq x < 0) \\ \sin x & (0 \leqq x < \pi) \end{cases}$, $f(x+2\pi)=f(x)$

194 次の関数の奇関数拡張のフーリエ正弦級数を求めよ。 (教 p.223 例 4)

*(1) $f(x)=1$ $(0 \leqq x < \pi)$

(2) $f(x)=\cos x$ $(0 \leqq x < \pi)$

***195** 次の関数の偶関数拡張のフーリエ余弦級数を求めよ。 (教 p.223 例 5)

*(1) $f(x)=1-x$ $(0 \leqq x < \pi)$

(2) $f(x)=\sin x$ $(0 \leqq x < \pi)$

196 次の関数のフーリエ級数を求めよ。 (教 p.225 練習 8)

*(1) $f(x)=|x|$ $(-1 \leqq x < 1)$, $f(x+2)=f(x)$

(2) $f(x)=e^x$ $(-1 \leqq x < 1)$, $f(x+2)=f(x)$

197 次の関数の複素フーリエ級数を求めよ。 (教 p.227 練習 9)

*(1) $f(x)=x^2$ $(-\pi \leqq x < \pi)$, $f(x+2\pi)=f(x)$

(2) $f(x)=e^x$ $(-\pi \leqq x < \pi)$, $f(x+2\pi)=f(x)$

(3) $f(x)=x$ $(-1 \leqq x < 1)$, $f(x+2)=f(x)$

(4) $f(x)=|x|$ $(-1 \leqq x < 1)$, $f(x+2)=f(x)$

B

例題 1 $f(x)=x^2\ (0 \leqq x \leqq 1)$ の偶関数拡張のフーリエ余弦級数を求め，それを利用して，次の等式が成り立つことを示せ。

$$\sum_{n=1}^{\infty}\frac{1}{n^2}=\frac{1}{1^2}+\frac{1}{2^2}+\frac{1}{3^2}+\frac{1}{4^2}+\cdots\cdots=\frac{\pi^2}{6}$$

考え方 フーリエ余弦級数を求めるのであるから，まず $f(x)$ を $-1 \leqq x \leqq 1$ に偶関数として拡張して，フーリエ余弦級数を求める。求めた式の両辺に $x=1$ を代入することにより，上記の等式が成立することがわかる。

解 まず与式を偶関数として $f(x)=x^2\ (-1 \leqq x < 1)$，$f(x+2)=f(x)$ に拡張して，フーリエ余弦級数を求める。

$$a_0=\int_{-1}^{1}f(x)\,dx=2\int_0^1 x^2\,dx=\frac{2}{3} \implies \frac{a_0}{2}=\frac{1}{3}$$

$$a_n=\int_{-1}^{1}f(x)\cos n\pi x\,dx=2\int_0^1 x^2\cos n\pi x\,dx$$

$$=2\int_0^1 x^2\left(\frac{1}{n\pi}\sin n\pi x\right)'dx \qquad \leftarrow \text{部分積分 } \int fg'\,dx=fg-\int f'g\,dx \text{ より}$$

$$=2\left\{\left[\frac{1}{n\pi}x^2\sin n\pi x\right]_0^1-\int_0^1(x^2)'\cdot\frac{1}{n\pi}\sin n\pi x\,dx\right\}$$

$$=2\cdot\frac{-2}{n\pi}\int_0^1 x\sin n\pi x\,dx$$

$$=\frac{-4}{n^2\pi^2}\int_0^1 x(-\cos n\pi x)'\,dx$$

$$=\frac{4}{n^2\pi^2}\left(\left[x\cos n\pi x\right]_0^1-\int_0^1(x)'\cos n\pi x\,dx\right)$$

$$=\frac{4}{n^2\pi^2}\left(\cos n\pi-\left[\frac{1}{n\pi}\sin n\pi x\right]_0^1\right)$$

$$=\frac{4}{n^2\pi^2}\cos n\pi=\frac{4}{n^2\pi^2}(-1)^n$$

より，偶関数拡張した周期関数は連続関数であることに注意して

$$x^2=\frac{1}{3}+\sum_{n=1}^{\infty}\frac{4}{n^2\pi^2}(-1)^n\cos n\pi x$$

この式において $x=1$ とすれば

$$1=\frac{1}{3}+\sum_{n=1}^{\infty}\frac{4}{n^2\pi^2}(-1)^n\cos n\pi=\frac{1}{3}+\frac{4}{\pi^2}\sum_{n=1}^{\infty}\frac{1}{n^2} \text{ より}$$

$$\frac{2}{3}\cdot\frac{\pi^2}{4}=\sum_{n=1}^{\infty}\frac{1}{n^2} \qquad \therefore\ \sum_{n=1}^{\infty}\frac{1}{n^2}=\frac{\pi^2}{6}$$

198　例題1を用いて，次の等式が成り立つことを示せ。

$$\sum_{n=1}^{\infty}\frac{(-1)^{n+1}}{n^2}=\frac{1}{1^2}-\frac{1}{2^2}+\frac{1}{3^2}-\frac{1}{4^2}+\cdots\cdots=\frac{\pi^2}{12}$$

199　$f(x)=1$ $(0\leqq x\leqq\pi)$ の奇関数拡張のフーリエ正弦級数を求め，それを利用して次の等式が成り立つことを示せ。

$$\sum_{n=1}^{\infty}\frac{(-1)^{n+1}}{2n-1}=\frac{1}{1}-\frac{1}{3}+\frac{1}{5}-\frac{1}{7}+\cdots\cdots=\frac{\pi}{4}$$

200　初期境界値問題

$$u_t(x,\ t)=u_{xx}(x,\ t)\ (0<x<1,\ t>0),$$

$$u(0,\ t)=0=u(1,\ t)\ (t>0),\ u(x,\ 0)=f(x)\ (0\leqq x\leqq 1)$$

の解 $u(x,\ t)$ のフーリエ級数が

$$u(x,\ t)\sim\sum_{n=1}^{\infty}\left(2\int_0^1 f(x)\sin n\pi x\,dx\right)e^{-(n\pi)^2t}\sin n\pi x$$

であることを用いて，次の偏微分方程式に対する初期境界値問題の解のフーリエ級数を求めよ。

*(1)
$$\begin{cases}u_t(x,\ t)=u_{xx}(x,\ t) & (0<x<1,\ t>0)\\ u(0,\ t)=0=u(1,\ t) & (t>0)\\ u(x,\ 0)=\sin\pi x & (0\leqq x\leqq 1)\end{cases}$$

*(2)
$$\begin{cases}u_t(x,\ t)=u_{xx}(x,\ t) & (0<x<1,\ t>0)\\ u(0,\ t)=0=u(1,\ t) & (t>0)\\ u(x,\ 0)=x(1-x) & (0\leqq x\leqq 1)\end{cases}$$

(3)
$$\begin{cases}u_t(x,\ t)=u_{xx}(x,\ t)+u(x,\ t) & (0<x<1,\ t>0)\\ u(0,\ t)=0=u(1,\ t) & (t>0)\\ u(x,\ 0)=\sin\pi x & (0\leqq x\leqq 1)\end{cases}$$

［ヒント］ $u(x,\ t)=e^tv(x,\ t)$ とおき，v の初期境界値問題を考察する。

(4)
$$\begin{cases}u_t(x,\ t)=u_{xx}(x,\ t) & (0<x<1,\ t>0)\\ u_x(0,\ t)=0=u_x(1,\ t) & (t>0)\\ u(x,\ 0)=\cos\pi x & (0\leqq x\leqq 1)\end{cases}$$

※境界条件 $u_x(0,\ t)=0=u_x(1,\ t)$ は境界 $x=0$ と $x=1$ において熱の出入りがないことを表す。これは**断熱境界条件**ともよばれている。

2 フーリエ変換

◆◆◆要点◆◆◆

以下，実数値関数 $f(x)$，$g(x)$ は任意の閉区間において区分的に滑らかで，絶対積分可能とする。

▶1 フーリエ変換と逆フーリエ変換

$F(k)=\mathcal{F}[f(x)]=\int_{-\infty}^{+\infty}f(x)e^{-ikx}dx$ を $f(x)$ の**フーリエ変換**,

$g(x)=\mathcal{F}^{-1}[G(k)]=\dfrac{1}{2\pi}\int_{-\infty}^{+\infty}G(k)e^{ikx}dk$ を $G(k)$ の**逆フーリエ変換**という。

$f(x)$ が連続な点 x では**フーリエの積分定理**は $f(x)=\mathcal{F}^{-1}[\mathcal{F}[f(x)]]$ の形で表される。つまり，$f(x)$ は次のように表せる。

$$f(x)=\frac{1}{2\pi}\int_{-\infty}^{\infty}F(k)e^{ikx}dk \quad \cdots\cdots ①'$$

ここで，

$$F(k)=\int_{-\infty}^{\infty}f(x)e^{-ikx}dx \quad \cdots\cdots ②'$$

p.61 3 ①，②と比較するとフーリエ変換はフーリエ係数に対応すると分かる。

▶2 フーリエ変換の性質

$F(k)=\mathcal{F}[f(x)]$，$G(k)=\mathcal{F}[g(x)]$ とおき，a，b は実数とする。

[1] $\mathcal{F}[af(x)+bg(x)]=a\mathcal{F}[f(x)]+b\mathcal{F}[g(x)]$

[2] $F(-k)=\overline{F(k)}$ （$\bar{z}$ は z の共役複素数を表す）

[3] $\mathcal{F}[f(ax)]=\dfrac{1}{|a|}F\left(\dfrac{k}{a}\right)$

[4] $\mathcal{F}[f(x-a)]=e^{-ika}\mathcal{F}[f(x)]$

[5] $f'(x)$ のフーリエ変換が存在するとき $\mathcal{F}[f'(x)]=ik\mathcal{F}[f(x)]$

[6] $xf(x)$ のフーリエ変換が存在するとき $\dfrac{dF(k)}{dk}=\mathcal{F}[(-ix)f(x)]$

[7] $\mathcal{F}[(f*g)(x)]=\mathcal{F}[f(x)]\cdot\mathcal{F}[g(x)]$，

ここで，$(f*g)(x)=\int_{-\infty}^{\infty}f(x-y)g(y)dy$

[8] $\mathcal{F}[f(x)]*\mathcal{F}[g(x)]=2\pi\mathcal{F}[f(x)g(x)]$ (p. 67 問題 6)

▶3 ガウス関数とデルタ関数のフーリエ変換

[1] $\mathcal{F}[e^{-ax^2}]=\sqrt{\dfrac{\pi}{a}}e^{-\frac{k^2}{4a}}$ $(a>0)$，$\mathcal{F}^{-1}[e^{-\alpha k^2}]=\dfrac{1}{2\sqrt{\pi\alpha}}e^{-\frac{x^2}{4\alpha}}$ $(\alpha>0)$

[2] $\mathcal{F}[\delta(x)]=1$，$\delta(x)=\mathcal{F}^{-1}[1]$

A

201 次の関数のフーリエ変換を求めよ。a は定数で $a>0$ とする。(教 p.233 練習 1)

*(1) $f(x)=\begin{cases}1 & (|x|<1)\\ 0 & (|x|\geqq 1)\end{cases}$　(2) $f(x)=\begin{cases}|x| & (|x|<1)\\ 0 & (|x|\geqq 1)\end{cases}$

(3) $f(x)=\begin{cases}1-x^2 & (|x|<1)\\ 0 & (|x|\geqq 1)\end{cases}$　*(4) $f(x)=\begin{cases}e^{-ax} & (x>0)\\ 0 & (x\leqq 0)\end{cases}$

*(5) $f(x)=\begin{cases}\sin x & (|x|<\pi)\\ 0 & (|x|\geqq \pi)\end{cases}$　(6) $f(x)=\begin{cases}xe^{-ax} & (x>0)\\ 0 & (x\leqq 0)\end{cases}$

202 次の問いに答えよ。$a>0$, $b>0$ を定数とする。(教 p.235 例 1)

*(1) $f(x)=\begin{cases}b & (|x|<a)\\ 0 & (|x|\geqq a)\end{cases}$ のフーリエ変換を求めよ。

(2) (1)の結果を逆フーリエ変換し，次の積分公式を導け。

$$\int_0^\infty \frac{\sin ak}{k}\,dk=\begin{cases}\dfrac{\pi}{2} & (a>0)\\ 0 & (a=0)\\ -\dfrac{\pi}{2} & (a<0)\end{cases}$$

203 次の問いに答えよ。(教 p.235 例 1，例 2)

*(1) $f(x)=e^{-|x|}$ のフーリエ変換を求めよ。

(2) (1)の結果を逆フーリエ変換し，$\displaystyle\int_{-\infty}^{\infty}\frac{1}{k^2+1}\,dk$ の値を求めよ。

204 問題 **201**(1)の $f(x)$ についてフーリエ余弦変換を求めよ。さらに $f(x)$ が連続な点 x について，フーリエの積分定理を用いて $f(x)$ を積分の形で表せ。(教 p.236 例題 4)

205 問題 **201**(5)の $f(x)$ についてフーリエ正弦変換を求めよ。さらに $f(x)$ が連続な点 x について，フーリエの積分定理を用いて $f(x)$ を積分の形で表せ。(教 p.237 例題 5)

206 前ページ **3** [1] を用いて $F(k)=e^{-k^2}$ の逆フーリエ変換を求めよ。(教 p.240 練習 4)

207 前ページ **2** [8] と **3** [1] を用いて $\mathscr{F}[e^{-x^2}]*\mathscr{F}[e^{-x^2}]$ を求めよ。(教 p.241 練習 5)

B

例題 2 $a>0$ を定数として，$\mathscr{F}\left[\dfrac{1}{x^2+a^2}\right]=\displaystyle\int_{-\infty}^{+\infty}\frac{e^{-ikx}}{x^2+a^2}dx=\frac{\pi}{a}e^{-|k|a}$ を示せ。

考え方 図のような積分路をとって複素積分に拡張し，留数定理にもちこむことにより，上記の積分を計算する。

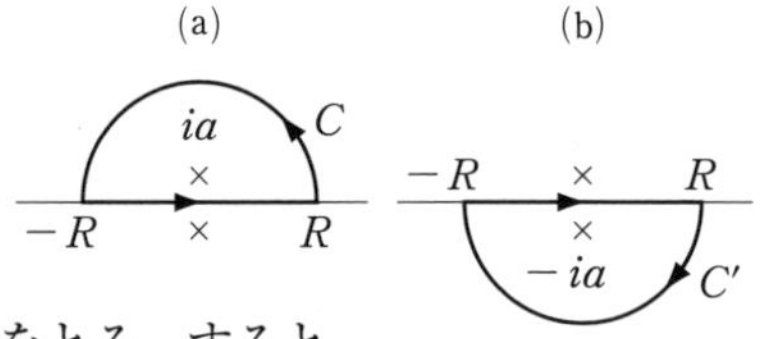

解 (i) $k<0$ の場合，図(a)の閉積分路 C をとる。すると

$$\int_C\frac{e^{-ikz}}{z^2+a^2}dz=\int_{-R}^{R}\frac{e^{-ikx}}{x^2+a^2}dx+\int_{\text{上半円}}\frac{e^{-ikz}}{z^2+a^2}dz \quad\cdots\cdots①$$

左辺は留数定理により計算できる（2章参照）。まず関数 $\dfrac{e^{-ikz}}{z^2+a^2}$ は $z=\pm ai$ に1位の極をもつ。積分路 C 内の極は $z=ai$ だから

$$\int_C\frac{e^{-ikz}}{z^2+a^2}dz=2\pi i\times\mathrm{Res}\left[\frac{e^{-ikz}}{z^2+a^2}\,;\,ai\right]$$

$$=2\pi i\cdot\frac{e^{-ik\cdot ai}}{ai+ai}=\frac{\pi}{a}e^{ka}$$

一方，①の右辺の第1項は $R\to\infty$ の極限で，求める積分に等しい。
また，①の右辺の第2項は $R\to\infty$ の極限で0に収束する。なぜなら

$$|\text{第2項}|\leqq\int_0^{\pi}\frac{|e^{-ikR(\cos t+i\sin t)}|}{|(Re^{it})^2+a^2|}\cdot|Rie^{it}|dt$$

$$\leqq\int_0^{\pi}\frac{|e^{-ikR\cos t}||e^{kR\sin t}|}{|R^2e^{2it}|-a^2}R\,dt$$

$$\leqq\int_0^{\pi}\frac{1\cdot e^0}{R^2-a^2}R\,dt$$

←$k<0$，$0\leqq t\leqq\pi$ より $kR\sin t\leqq0$，
また $R>a$ としてよい

$$=\frac{R}{R^2-a^2}\pi\to0\ (R\to\infty\text{ のとき})$$

$$\therefore\ \int_{-\infty}^{+\infty}\frac{e^{-ikx}}{x^2+a^2}dx=\frac{\pi}{a}e^{ka}$$

(ii) $k>0$ の場合は，図(b)の閉積分路 C' をとり，同様に考えると

$\displaystyle\int_{-\infty}^{+\infty}\frac{e^{-ikx}}{x^2+a^2}dx=\frac{\pi}{a}e^{-ka}$ なので(i)(ii)より答は $\dfrac{\pi}{a}e^{-|k|a}$

208 $\mathscr{F}\left[\dfrac{1}{x-ia}\right]=\displaystyle\int_{-\infty}^{+\infty}\frac{e^{-ikx}}{x-ia}dx=2\pi ie^{ka}$ を示せ。$a>0$，$k<0$ とする。

4章の問題

1 次の関数のフーリエ級数を求めよ。

(1) $f(x) = -x \quad (-\pi \leqq x \leqq \pi),\ f(x+2\pi) = f(x)$

(2) $f(x) = |\sin x| \quad (-\pi \leqq x \leqq \pi),\ f(x+2\pi) = f(x)$

(3) $f(x) = -x \quad (-1 \leqq x \leqq 1),\ f(x+2) = f(x)$

(4) $f(x) = \begin{cases} 0 & (-1 \leqq x < 0) \\ 1 & (0 \leqq x < 1) \end{cases},\ f(x+2) = f(x)$

2 関数 $f(x) = |x|\ (-\pi \leqq x \leqq \pi)$ について次の問いに答えよ。

(1) 偶関数拡張のフーリエ余弦級数を求めよ。

(2) (1)の結果を利用して次の和を求めよ。

$$\sum_{n=1}^{\infty} \frac{1}{n^2} = 1 + \frac{1}{3^2} + \frac{1}{5^2} + \cdots$$

3 次の関数のフーリエ変換を求めよ。

$$f(x) = \begin{cases} 0 & (-\infty < x < -1) \\ 1 & (-1 \leqq x < 0) \\ -1 & (0 \leqq x < 1) \\ 0 & (1 \leqq x < \infty) \end{cases}$$

4 $\mathcal{F}\left[\dfrac{x}{x^2+a^2}\right] = \displaystyle\int_{-\infty}^{+\infty} \frac{xe^{-ikx}}{x^2+a^2}dx = i\pi e^{ka}$ を示せ。ただし，$a > 0,\ k < 0$ とする。

5 次の初期値問題の解をフーリエ変換を用いて構成せよ。

$$\begin{cases} u_t = u_{xx} + tu & (-\infty < x < \infty,\ t > 0) & \cdots\cdots① \\ u(x,\ 0) = \delta(x) & (-\infty < x < \infty) & \cdots\cdots② \\ \displaystyle\lim_{x\to\pm\infty} u(x,\ t) = 0,\ \lim_{x\to\pm\infty} u_x(x,\ t) = 0 & & \cdots\cdots③ \end{cases}$$

6 次のフーリエ変換の性質を，(i) $f(x)$，$g(x)$ が連続な点 x でのフーリエの積分定理 $f(x) = \mathcal{F}^{-1}[\mathcal{F}[f(x)]]$，$g(x) = \mathcal{F}^{-1}[\mathcal{F}[g(x)]]$ が成り立ち，(ii) $\mathcal{F}[\mathcal{F}^{-1}[$次式の左辺$]] =$ 次式の左辺 も成り立つものとして証明せよ。

$$\mathcal{F}[f(x)] * \mathcal{F}[g(x)] = 2\pi\mathcal{F}[f(x)g(x)]$$

解答

詳しい解答や図・証明は，弊社 Web サイト（https://www.jikkyo.co.jp）の本書の紹介からダウンロードできます。

1章　ベクトル解析

1. ベクトルの演算

1　(1) $\frac{1}{5}(-4,\ 3,\ 0)$ など

(2) $\frac{1}{13}(12,\ 0,\ 5)$ など

2　(1) $(0,\ 0,\ 0)$　(2) $(-1,\ -2,\ 1)$

(3) $(1,\ 2,\ -1)$　(4) $(5,\ 4,\ -1)$

(5) $(-3,\ -2,\ 1)$

3　(1) $S=3$，$\boldsymbol{e}=(0,\ 0,\ \pm1)$

(2) $S=\sqrt{35}$，

$\boldsymbol{e}=\pm\frac{1}{\sqrt{35}}(5,\ -1,\ -3)$

4　(1) $S=\frac{\sqrt{6}}{2}$，$\boldsymbol{e}=\pm\frac{2}{\sqrt{6}}(2,\ 1,\ 1)$

(2) $S=\frac{7\sqrt{3}}{2}$，

$\boldsymbol{e}=\pm\frac{2}{\sqrt{3}}(-1,\ -1,\ 1)$

5　(1) 左手系，$V=15$

(2) 左手系，$V=35$

6　(1) 216　(2) $\frac{5}{3}$

7　(1) $(5,\ 10,\ 17)$

(2) $(15,\ -12,\ -9)$

(3) $(-20,\ 2,\ -8)$

(4) $(20,\ -2,\ 8)$

(5) $(-5,\ -10,\ -17)$

(6) $(-15,\ 12,\ 9)$

(7) $(0,\ 0,\ 0)$

8　(1) $k=-1$，$l=-7$

(2) $k=5$，$l=3$

(3) $k=-6$，$l=5$

9　(1) $k=\frac{2}{5}$，$l=-\frac{9}{5}$

(2) $k=1$，$l=-25$

10　(1) $\frac{3\sqrt{14}}{7}$　(2) $\frac{3\sqrt{66}}{11}$

11　(1) $\boldsymbol{p}=\pm\frac{-\boldsymbol{a}+\boldsymbol{b}}{|-\boldsymbol{a}+\boldsymbol{b}|}$　(2) 略

12　(1) $\frac{7}{\sqrt{38}}$　(2) $\frac{9}{\sqrt{30}}$

13　(1) $\boldsymbol{n}=\pm\frac{\boldsymbol{a}\times\boldsymbol{b}+\boldsymbol{b}\times\boldsymbol{c}+\boldsymbol{c}\times\boldsymbol{a}}{|\boldsymbol{a}\times\boldsymbol{b}+\boldsymbol{b}\times\boldsymbol{c}+\boldsymbol{c}\times\boldsymbol{a}|}$

(2) 略

14　証明略，一般解は　$\boldsymbol{x}=-\frac{\boldsymbol{a}\times\boldsymbol{b}}{|\boldsymbol{a}|^2}+c\boldsymbol{a}$

（c は任意定数）

15　$\boldsymbol{x}=\frac{k}{|\boldsymbol{a}|^2}\boldsymbol{a}+\boldsymbol{c}\times\boldsymbol{a}$

（$\boldsymbol{c}$ は任意の定ベクトル）

2. ベクトル関数の微分積分

16　(1) $(1,\ 2,\ 3)$

(2) $(0,\ \pi,\ \pi)$

17　(1) $\{\boldsymbol{f}(t)\cdot\boldsymbol{g}(t)\}'=(-t+1)e^{-t}$

$\{\boldsymbol{f}(t)\times\boldsymbol{g}(t)\}'$

$=((-t+1)e^{-t}-(t+1)e^{t},$

$-2(t+1)e^{t},$

$(-t+1)e^{-t}+(t+1)e^{t})$

(2) $\{\boldsymbol{f}(t)\cdot\boldsymbol{g}(t)\}'=e^{-t}\cos t-e^{-t}\sin t$

$\{\boldsymbol{f}(t)\times\boldsymbol{g}(t)\}'$

$=(e^{t}\cos t-e^{t}\sin t,$

$-e^{t}\cos t-e^{t}\sin t,$

$e^{-t}\cos t+e^{-t}\sin t)$

18　(1) $(1,\ 2\pi,\ 0)$

(2) $(0,\ -1,\ 2)$

19　(1) $\boldsymbol{f}_u=(1,\ v,\ 0)$，$\boldsymbol{f}_v=(0,\ u,\ 1)$

(2) $\boldsymbol{f}_u=(1,\ 1,\ 0)$，$\boldsymbol{f}_v=(1,\ 0,\ 1)$

(3) $\boldsymbol{f}_u=(\cos v,\ \sin v,\ 2u)$

$\boldsymbol{f}_v=(-u\sin v,\ u\cos v,\ 0)$

20　(1) $(-2\sin(2t+1),\ 2\cos(2t+1),$

$8t-4)$

(2) $(-4\sin 2t,\ 0,\ 4\sin 2t)$

21　(1) $\boldsymbol{f}_s=(2st-t^2,\ 1,\ t)$

$\boldsymbol{f}_t=(-2st+s^2,\ -1,\ s)$

(2) $\boldsymbol{f}_s=e^{2s}(\sin 2t,\ 2\cos^2 t,\ 2\sin^2 t)$

$\boldsymbol{f}_t=e^{2s}(\cos 2t,\ -\sin 2t,\ \sin 2t)$

22　(1) (i) $z=6-3x-2y$（平面）

(ii) $z=6-3x$

(iii) $z=6-3\sqrt{2}-2y$

(iv) $\boldsymbol{r}_u(\sqrt{2},\ 0)=(1,\ 0,\ -3)$
（また，その定数倍）
$\boldsymbol{r}_v(\sqrt{2},\ 0)=(0,\ 1,\ -2)$
（また，その定数倍）
(v) $(3,\ 2,\ 1)$（また，その定数倍）
(2) (i) $z=4-x^2-y^2$
(ii) $z=4-x^2$
(iii) $x^2+y^2=2$
(iv) $\boldsymbol{r}_u(\sqrt{2},\ 0)=(1,\ 0,\ -2\sqrt{2})$
（また，その定数倍）
$\boldsymbol{r}_v(\sqrt{2},\ 0)=(0,\ \sqrt{2},\ 0)$
（また，その定数倍）
(v) $(4,\ 0,\ \sqrt{2})$
（また，その定数倍）

23 (1) $\boldsymbol{t}=\dfrac{1}{3}(1,\ 2,\ 2)$

$\boldsymbol{n}=\dfrac{1}{3\sqrt{5}}(-2,\ -4,\ 5)$

(2) $\boldsymbol{t}=\dfrac{1}{\sqrt{2}}(-1,\ 0,\ 1)$

$\boldsymbol{n}=(0,\ 1,\ 0)$

24 (1) $\boldsymbol{t}(t)=\dfrac{1}{\sqrt{10}}(-\sin t,\ \cos t,\ 3)$

$\kappa=\dfrac{1}{10},\ \rho=10$

(2) $\boldsymbol{t}(t)=\dfrac{1}{\sqrt{8}}(-2\sin t,\ 2\cos t,\ 2)$

$\kappa=\dfrac{1}{4},\ \rho=4$

25 $\boldsymbol{b}(t)=\dfrac{1}{\sqrt{5}}(2\sin t,\ -2\cos t,\ 1)$

$\tau=\dfrac{2}{5}$

26 (1) $\boldsymbol{v}(2)=(1,\ -1,\ \sqrt{2}),\ v(2)=2$

$\boldsymbol{a}(2)=\left(0,\ 0,\ \dfrac{1}{\sqrt{2}}\right)$

$\boldsymbol{a}=\dfrac{1}{2}\boldsymbol{t}+\dfrac{1}{2}\boldsymbol{n}$

(2) $\boldsymbol{v}(1)=(2,\ 0,\ 2),\ v(1)=2\sqrt{2}$
$\boldsymbol{a}(1)=(2,\ -2,\ 2)$
$\boldsymbol{a}=2\sqrt{2}\,\boldsymbol{t}+2\boldsymbol{n}$
(3) $\boldsymbol{v}(0)=(\sqrt{2},\ 1,\ -1),\ v(0)=2$
$\boldsymbol{a}(0)=(0,\ 1,\ 1)$
$\boldsymbol{a}=0\boldsymbol{t}+\sqrt{2}\,\boldsymbol{n}$

27 (1)(2)とも $\left(\dfrac{2}{3}t^3-t^2-t+c_1,\right.$

$\left.-\dfrac{1}{3}t^3+\dfrac{1}{2}t^2+c_2,\ t+c_3\right)$

28 (1) $\left(\dfrac{1}{2}t-\dfrac{1}{4}\right)e^{2t}+e^{3t}+c$

(2) $\left(\left(\dfrac{2}{3}t-\dfrac{2}{9}\right)e^{3t}+c_1,\right.$

$\dfrac{3}{2}e^{2t}+\left(\dfrac{1}{9}-\dfrac{1}{3}t\right)e^{3t}+c_2,$

$\left.\left(\dfrac{1}{2}-t\right)e^{2t}+c_3\right)$

(3) $2\pi+3\pi^2$

(4) $\left(-\dfrac{4}{3}\pi^3+6,\ \pi^2,\ -6\right)$

29, 30 略

31 (1) $\boldsymbol{t}(t)=\dfrac{1}{\sqrt{a^2+h^2}}(-a\sin t,$

$a\cos t,\ h)$

証明は略

(2) $\boldsymbol{n}(t)=(-\cos t,\ -\sin t,\ 0),$

$\boldsymbol{b}(t)=\dfrac{1}{\sqrt{a^2+h^2}}(h\sin t,$

$-h\cos t,\ a)$

証明は略

32 (1) $\boldsymbol{f}(t)=\boldsymbol{c}t+\boldsymbol{d}$
（$\boldsymbol{d}$ は任意の定ベクトル）
(2) $\boldsymbol{f}(t)=\boldsymbol{c}e^t$
（$\boldsymbol{c}$ は任意の定ベクトル）
(3) $\boldsymbol{f}(t)=\dfrac{\boldsymbol{c}}{k}+\boldsymbol{d}e^{-kt}$
（$\boldsymbol{d}$ は任意の定ベクトル）

33 略

3. ベクトル場

34 (1) $(1,\ 3,\ 4)$ (2) $(6,\ 19,\ 12)$

35 (1) $(y,\ x,\ -1)$

(2) $\boldsymbol{n}=\dfrac{\pm 1}{\sqrt{6}}(2,\ 1,\ -1)$

(3) $2x+y-z=3$

36 $\nabla(fg)=(2xy+y^2-yz-z,$
$x^2+2xy-xz-z,$
$-xy-x-y+2z)$

$\nabla\left(\dfrac{f}{g}\right)=\dfrac{1}{(xy-z)^2}(-y^2+yz-z,$

$-x^2+xz-z,\ x-xy+y)$

37 (1) $(\nabla f)\cdot\boldsymbol{e}_1=1$
$(\nabla f)\cdot\boldsymbol{e}_2=0$
$(\nabla f)\cdot\boldsymbol{e}_3=2$
(2) $-\dfrac{2}{3}$

38 $\dfrac{-2(2xy-y^2,\ x^2-2xy+z^2,\ 2yz)}{(x^2y-xy^2+yz^2)^3}$

39 (1) 8 (2) 8

40 (1)(2)とも
$4(x^2+y^2+z^2+xy+yz+zx)$

41 (1) $(-4,\ -1,\ -1)$
(2) $(-4,\ -2,\ -4)$

42 $\nabla\times(\varphi\boldsymbol{g})$
$=(xyz-zx^2,\ xyz-xy^2,\ xyz-yz^2)$,
$\nabla\times(\boldsymbol{f}+\boldsymbol{g})=(z,\ x,\ y)$

43 (1) $\int_C f(x,\ y,\ z)ds=\dfrac{4}{3}\sqrt{6}$
曲線 C の長さは $\sqrt{6}$
(2) $\int_C f(x,\ y,\ z)ds=4+\sqrt{3}\pi^2$
曲線 C の長さは 2π
(3) $\int_C f(x,\ y,\ z)ds=\dfrac{138}{7}$
曲線 C の長さは 5
(4) $\int_C f(x,\ y,\ z)ds=\dfrac{61\sqrt{2}}{30}$
曲線 C の長さは $\dfrac{4\sqrt{2}}{3}$

44 (1) $\dfrac{11}{10}$ (2) $\dfrac{8}{3}\pi^3$
(3) 2π (4) $-\dfrac{4}{15}$

45 (1) 面積分は $2\sqrt{3}$
面積は $2\sqrt{3}$
(2) 面積分は $\dfrac{3}{4}$
面積は $\dfrac{3}{2}$
(3) 面積分は 8
面積は 2π
(4) 面積分は $\dfrac{16\sqrt{2}}{5}$
面積は $\sqrt{2}\pi$

46 (1) 面積分は $2\sqrt{3}$
面積は $2\sqrt{3}$
(2) 面積分は $\dfrac{3}{4}$
面積は $\dfrac{3}{2}$

47 (1) 1 (2) $\dfrac{5}{4}\pi$
(3) $-\dfrac{\pi}{4}$ (4) $-\dfrac{\pi}{2}$

48 (1) 1 (2) $-\dfrac{\pi}{2}$

49 スカラー場の線積分 $4\sqrt{2}+21$
ベクトル場の線積分 12

50 $\dfrac{5}{4}\pi$

51 π

52 π

53 略

54 問題 44(2) $f=xy+\dfrac{1}{3}z^3+c$ (c は定数), 線積分は $\dfrac{8}{3}\pi^3$
問題 44(3) $f=\dfrac{1}{2}x^2-\dfrac{1}{2}y^2+z+c$ (c は定数), 線積分は 2π

4. 積分公式

55 体積分は $\dfrac{3}{16}$
体積は $\dfrac{3}{4}$

56 $\dfrac{1}{24}$

57 (1) 2π (2) $\dfrac{64}{15}$

58 (1) $\left(\dfrac{1}{4},\ \dfrac{1}{4},\ \dfrac{1}{4}\right)$
(2) $\left(\dfrac{1}{3},\ 1,\ \dfrac{3}{2}\right)$

59 $\left(\dfrac{\pi}{48},\ \dfrac{4}{15},\ \dfrac{\pi}{8}\right)$

60 (1) $\dfrac{4}{3}$ (2) 2

61 12π

62 (1) 4π (2) 0

63 4π

64 $-\dfrac{2}{3}$

65 $\frac{3}{2}$

66 (1) 96π　(2) 192π

67 C_1 について $-\frac{1}{6}$，C_2 について $\frac{1}{6}$

68 $\frac{16}{105}$

69 -3

70 (1) -4π　(2) -4π

71 略

1章の問題

1 (1) $4\sqrt{6}$

(2) $\pm\frac{1}{\sqrt{6}}(1,\ 1,\ 2)$

(3) 16

(4) 左手系

(5) $(\cos\alpha,\ \cos\beta,\ \cos\gamma)$

2 (1) $x^2+y^2+z^2=4$

(2) 平面 $z=\sqrt{3}$ 上の半径 1 の円 $x^2+y^2=1$

(3) 平面 $y=\sqrt{3}x$ 上の中心 $(0,\ 0,\ 0)$ 半径 2 の円

(4) $\boldsymbol{r}_u=\left(-\frac{\sqrt{3}}{2},\ \frac{1}{2},\ 0\right)$

$\boldsymbol{r}_v=\left(\frac{\sqrt{3}}{2},\ \frac{3}{2},\ -1\right)$

(5) $\pm\left(\frac{1}{4},\ \frac{\sqrt{3}}{4},\ \frac{\sqrt{3}}{2}\right)$

3 (1) $\frac{1}{2t^2+1}(2t^2,\ 2t,\ 1)$

(2) $\frac{1}{2t^2+1}(2t,\ -2t^2+1,\ -2t)$

(3) $\frac{1}{2t^2+1}(-1,\ 2t,\ -2t^2)$

(4) $\frac{2}{(2t^2+1)^2}$

(5) $\frac{-2}{(2t^2+1)^2}$

(6) 接触平面は yz 平面 $(x=0)$，法平面は xy 平面 $(z=0)$，展直平面は xz 平面 $(y=0)$

(7) $\boldsymbol{v}(-1)=(2,\ -2,\ 1)$

$v(-1)=3$

$\boldsymbol{a}(-1)=(-4,\ 2,\ 0)$

(8) $\boldsymbol{a}(-1)=-4\boldsymbol{t}(-1)+2\boldsymbol{n}(-1)$

4 (1) $(2x,\ 2y,\ 1)$

(2) $\pm\frac{1}{\sqrt{13}}(0,\ 2\sqrt{3},\ 1)$

(3) $\sqrt{13}$　(4) $4\sqrt{2}\pi$

(5) $\frac{26}{3}\pi$　(6) $\frac{14}{3}$

5 (1) $\frac{1}{8}$

(2) (i) $\frac{1}{6}$　(ii) $\frac{1}{6}$

(iii) $\frac{1}{6}$　(iv) $\frac{5}{8}$

(3) $\frac{1}{8}$

(4) (i) $\frac{1}{3}$　(ii) $\frac{1}{3}$

(iii) $\frac{1}{3}$　(iv) 1

(5) (i) 0　(ii) $\frac{1}{3}$　(iii) 0

(6) $\frac{1}{3}$

2章　複素解析

1. 複素関数

72 $2+3i$ は第 1 象限，$2-3i$ は第 4 象限 $-2+3i$ は第 2 象限，$-2-3i$ は第 3 象限，図は略

73 (1) $5+2i$　(2) $9+7i$

(3) $-10+9\sqrt{3}i$　(4) $-\frac{1}{2}+\frac{1}{2}i$

74 (1) $10+38i$　(2) $-23+i$

75 (1) 1　(2) $\frac{3}{2}+i\left(1\pm\frac{\sqrt{3}}{2}\right)$

76 (1) $2e^{\frac{\pi}{3}i}$　(2) $\sqrt{2}e^{\frac{5}{4}\pi i}$

(3) $e^{\frac{3\pi}{2}i}$

77 (1) $-2\sqrt{3}-2i=4e^{\frac{7}{6}\pi i}$

(2) $2+2\sqrt{3}i=4e^{\frac{\pi}{3}i}$

(3) $-2\sqrt{3}-6i=4\sqrt{3}e^{\frac{4}{3}\pi i}$

78 (1) 点 z を原点の周りに $-\frac{\pi}{4}$ 回転した点を z_1 とし，線分 Oz_1 を $\sqrt{2}$ 倍に拡大した端の点

(2) 点 z を原点の周りに $\frac{7}{6}\pi$ 回転した点を z_1 とし，線分 Oz_1 を 2 倍に拡大した端の点

(3) 点 z を原点の周りに $-\frac{\pi}{3}$ 回転した点を z_1 とし，線分 Oz_1 を $\frac{1}{2}$ 倍に縮小した端の点

79 (1) $\frac{1}{\sqrt{2}}e^{-\frac{\pi}{4}i}=\frac{1}{2}-\frac{1}{2}i$

(2) $\frac{1}{\sqrt{2}}e^{-\frac{3}{4}\pi i}=-\frac{1}{2}-\frac{1}{2}i$

(3) $\frac{1}{2}e^{-\frac{5}{6}\pi i}=-\frac{\sqrt{3}}{4}-\frac{1}{4}i$

80 (1) $1+i$ (2) $3-2i$ (3) $3i$

81 (1) $\frac{\sqrt{3}}{2}-\frac{1}{2}i=e^{-\frac{\pi}{6}i}$

(2) $-\frac{1}{2}+\frac{\sqrt{3}}{2}i=e^{\frac{2}{3}\pi i}$

(3) $\frac{\sqrt{3}}{2}-\frac{3}{2}i=\sqrt{3}\,e^{-\frac{\pi}{3}i}$

82 (1) 線分 Oz を $\frac{\pi}{2}$ 回転したときの端点

(2) 線分 Oz を $\frac{\pi}{4}$ 回転し，$\frac{1}{\sqrt{2}}$ 倍に縮小したときの端点

(3) 線分 Oz を $-\frac{2}{3}\pi$ 回転し，$\frac{1}{2}$ 倍に縮小したときの端点

83 (1) -4 (2) 4096

(3) $\frac{\sqrt{3}}{32}+\frac{1}{32}i$

84 (1) $u=2x+3$，$v=2y$

(2) $u=(x+1)^2-y^2$，$v=2xy+2y$

(3) $u=x^2+2x-y^2$，$v=2xy+2y$

85 (1) 直線 $v=2u$

(2) 円 $(u+1)^2+(v-1)^2=1$

86 $x=1$ は $v=1$（直線）に，$y=2$ は $u=-2$（直線）にうつる。

87 $x=1$ は $v=1$（直線）に，$y=2$ は $u=-1$（直線）にうつる。

グラフ略

88 (1) $\frac{1+i}{2}$

(2) $x=\frac{u}{u^2+v^2}$，$y=\frac{v}{u^2+v^2}$

(3) 中心 $\left(\frac{1}{4},\ 0\right)$，半径 $\frac{1}{4}$ の円にうつる。

(4) 直線 $u=\frac{1}{2}$ にうつる。

89 $e^{(\theta_1-\theta_2)i}=e^{\theta_1 i}\cdot e^{-\theta_2 i}$

90 $z=\log 2+(2n+1)\pi i$

91 (1) $\frac{e}{2}-\frac{\sqrt{3}\,e}{2}i$

(2) 円 $u^2+v^2=e^4$

(3) 直線 $v=\sqrt{3}\,u$ $(u>0)$

92 $\frac{\pi}{2}+2n\pi+i\log_e(2\pm\sqrt{3})$

93 (1) 双曲線 $2u^2-2v^2=1$ $\left(u\geqq\frac{1}{\sqrt{2}}\right)$

(2) $u=0$（v 軸）

(3) 楕円 $\frac{u^2}{\cosh^2 2}+\frac{v^2}{\sinh^2 2}=1$

94 略

95 (1) $\log_e 2+\left(\frac{\pi}{2}+2n\pi\right)i$（$n$ は整数）

(2) $\log_e 2+\left(\frac{\pi}{6}+2n\pi\right)i$（$n$ は整数）

(3) $\log_e 2+\frac{\pi}{6}i$

96 略

97 互いに平行な無数の直線

$v=\left(\frac{1}{3}+2n\right)\pi$（$n$ は整数）

98 (1) $-e^{(2n+1)\pi}$

(2) $e^{\frac{\pi}{4}-2n\pi}$

$\left\{\cos\left(\frac{1}{2}\log_e 2\right)+i\sin\left(\frac{1}{2}\log_e 2\right)\right\}$

(3) $\sqrt{2}\,e^{-\frac{\pi}{4}-2n\pi}\left\{\cos\left(\frac{1}{2}\log_e 2+\frac{\pi}{4}\right)\right.$

$\left.+i\sin\left(\frac{1}{2}\log_e 2+\frac{\pi}{4}\right)\right\}$

99 $x=2$ を $u=4-\left(\frac{v}{4}\right)^2$ に，$y=2$ を $u=\left(\frac{v}{4}\right)^2-4$ にうつす（放物線）。

100 $\sqrt[4]{2}$，$\sqrt{2}$，$\sqrt{3}$ は正の実数根とする。

(1) $\pm\sqrt[4]{2}\left(\frac{\sqrt{2+\sqrt{2}}}{2}+i\frac{\sqrt{2-\sqrt{2}}}{2}\right)$

(2) $\pm\frac{3}{\sqrt{2}}(-1+i)$

(3) $\frac{3}{2}(\sqrt{3}+i)$, $\frac{3}{2}(-\sqrt{3}+i)$, $-3i$

101 $\sqrt{2}$, $\sqrt{3}$ は正の実数根とする。

(1) $z=\pm\frac{\sqrt{3}}{2}+\frac{1}{2}i$, $-i$

(2) $z=\pm\sqrt{3}+i$, $-2i$

(3) $z=\pm\frac{\sqrt{2}}{2}(\sqrt{3}+i)$,

$\pm\frac{\sqrt{2}}{2}(1-\sqrt{3}i)$

102, 103 略

104 (1) $z=2+3i$

(2) $z=\frac{-7+i}{25}$

(3) $z=\frac{1}{8}-\frac{1}{8}i$

(4) $z=-i$, $1-i$

105 (1) $z=(1\pm\sqrt{5})i$

(2) $z=\frac{-(1+i)+\sqrt{16+10i}}{4}$

106 図は略

(1) 点 $-i$ を中心とする半径 2 の円

(2) $v=-\sqrt{3}u$

107 図は略

(1) 点 $\frac{\sqrt{2}}{2}+\frac{\sqrt{2}}{2}i$ を中心とした半径 2 の円

(2) 2 点 $\sqrt{2}i$, $\sqrt{2}$ を結ぶ線分の垂直 2 等分線

(3) 2 点 $\sqrt{2}i$, $\sqrt{2}$ を焦点とする楕円

(4) 2 点 $\sqrt{2}i$, $\sqrt{2}$ を焦点とする双曲線

108 略

109 (1) $r=1$ (原点中心の単位円) または $\sin\theta=0$ (原点を除く実軸), 図略

(2) $r=1$ のとき $|a|\leqq 2$

$\sin\theta=0$ のとき $|a|\geqq 2$

2. 複素関数の微分

110 (1) $1+3i$ (2) $2i$

111 (1) $3z^2+2$

(2) $3z^2+(2z-1)i$

(3) $3(z^2+z+iz)^2(2z+1+i)$

(4) $-\frac{z+3i}{(z-i)^3}$

112 (1) 正則でない (2) 正則でない

(3) 正則,

$f'(z)=2x-2+2yi=2z-2$

(4) 正則,

$f'(z)=\frac{y^2-x^2}{(x^2+y^2)^2}+\frac{2xy}{(x^2+y^2)^2}i$

$=-\frac{1}{z^2}$

(5) 正則, $f'(z)=-\sin z$

(6) 正則, $f'(z)=\cos z$

(7) 正則, $f'(z)=\sinh z$

(8) 正則, $f'(z)=\cosh z$

113 略

114 (1) $f(z)=x^2-y^2-3x+2$
$+i(2x-3)y+ic$ (c は任意定数)

(2) $f(z)=e^{-x}(x\sin y-y\cos y)$
$+ie^{-x}(x\cos y+y\sin y)+ic$
(c は任意定数)

115 (1) $x=\frac{\pi}{4}$ の像は $2u^2-2v^2=1$

(v 軸対称の双曲線),

$y=2$ の像は

$\frac{u^2}{\cosh^2 2}+\frac{v^2}{\sinh^2 2}=1$

(v 軸にも u 軸にも対称な楕円),

交点 $\left(\frac{1}{\sqrt{2}}\cosh 2,\ -\frac{1}{\sqrt{2}}\sinh 2\right)$

(2) $x=2$ の像は円

$(4u-1)^2+(4v)^2=1$,

$y=2$ の像は円 $(4u)^2+(4v+1)^2=1$,

交点 $\left(\frac{1}{4},\ -\frac{1}{4}\right)$

(3) $x=-1$ の像は円 $u^2+v^2=\frac{1}{e^2}$,

$y=\frac{2}{3}\pi$ の像は直線 $v=-\sqrt{3}u$,

交点 $\left(-\frac{1}{2e},\ \frac{\sqrt{3}}{2e}\right)$

(4) $x=1$ の像は直線 $2u+v=5$,

$y=2$ の像は直線 $u-2v=-10$,

交点 $(0,\ 5)$

116, 117 略

3. 複素関数の積分

118 (1) $-\frac{4}{3}$ (2) $\frac{1}{2}+\frac{4}{3}i$

(3) 0

119 (1) a (2)(3) 略

120 (1) -1 (2) $1-\cosh 1$

(3) $\log_e 2$

121 (1) $-\frac{1}{3}\log_e 2$ (2) $\frac{i}{3}\log_e 2$

122 (1) $-2\pi i e^{\pi}$ (2) $2\pi i$

123 (1) $2\pi i$ (2) -8π

124, 125 略

126 (1) $e^{-\frac{1}{4}}\sqrt{\pi}$ (2) $e^{-\frac{1}{4}a^2}\sqrt{\pi}$

4. 複素関数のべき級数展開

127 (1) 発散する

(2) 収束し，極限値は 2

(3) 収束し，極限値は 0

(4) 発散（振動）する

128 (1) 収束し，和は $\frac{3}{7}(2+\sqrt{3}\,i)$

(2) 発散する

129 (1) $\sin\frac{z}{2}=\frac{1}{2}z-\frac{1}{3!}\frac{1}{2^3}z^3+\cdots$

$+(-1)^{n-1}\frac{1}{(2n-1)!}\frac{1}{2^{2n-1}}z^{2n-1}+\cdots$

収束半径は ∞

(2) $\cos 2z=1-\frac{2^2}{2}z^2+\cdots$

$+(-1)^n\frac{2^{2n}}{(2n)!}z^{2n}+\cdots$

収束半径は ∞

(3) $\frac{1}{z-1}=-1-z-z^2-\cdots-z^n-\cdots$

収束半径は 1

(4) $\frac{1}{z-1}=1-(z-2)+(z-2)^2$

$-(z-2)^3+\cdots+(-1)^n(z-2)^n+\cdots$

収束半径は 1

130 (1) $1-\frac{1}{3!}z^2+\cdots$

$+(-1)^n\frac{1}{(2n+1)!}z^{2n}+\cdots$

(2) $\frac{1}{z}-\frac{1}{2}+\frac{1}{3}z+\cdots$

$+(-1)^{n-1}\frac{1}{n}z^{n-2}+\cdots$

(3) $z+1+\frac{1}{2!z}+\cdots+\frac{1}{n!z^{n-1}}+\cdots$

131 (1) $\sum_{n=0}^{\infty}(-1)^n\frac{z^n}{2^{n+1}}-\sum_{n=0}^{\infty}(-1)^n\frac{z^n}{3^{n+1}}$

(2) $\sum_{n=0}^{\infty}(-1)^n\frac{2^n}{z^{n+1}}-\sum_{n=0}^{\infty}(-1)^n\frac{z^n}{3^{n+1}}$

(3) $\sum_{n=0}^{\infty}(-1)^n\frac{2^n}{z^{n+1}}-\sum_{n=0}^{\infty}(-1)^n\frac{3^n}{z^{n+1}}$

132 (1) $z=0$ は 5 位の極

(2) $z=0$ は除去可能特異点

(3) $z=0$ は真性特異点

133 (1) $\mathrm{Res}[f,\ \pm 3]=1$

(2) $\mathrm{Res}[f,\ 0]=-2$

$\mathrm{Res}[f,\ -1]=2$

(3) $\mathrm{Res}[f,\ \sqrt{2}\,i]$

$=-\frac{1}{2\sqrt{2}}(\sin\sqrt{2}+i\cos\sqrt{2})$

$\mathrm{Res}[f,\ -\sqrt{2}\,i]$

$=\frac{1}{2\sqrt{2}}(-\sin\sqrt{2}+i\cos\sqrt{2})$

(4) $\mathrm{Res}[f,\ 0]=0$

$\mathrm{Res}[f,\ i]=\cos i+i\frac{3}{2}\sin i$

134 (1) $6\pi i$ (2) 0

(3) $2\pi i$ (4) $\frac{2\pi e^2 i}{5}$

(5) $2\pi i\left(\frac{\sin 2+6\cos 2}{9}\right)$

135 (1) $-\frac{1}{4}\pi i$ (2) $\frac{1}{5}\pi i$

136 (1) $\frac{2}{3}\pi$ (2) $\frac{2}{\sqrt{5}}\pi$ (3) $\frac{2\pi}{\sqrt{21}}$

137 (1) $\frac{2}{3}\pi$

(2) $\frac{3-3\sqrt{2}+\sqrt{3}}{6}\pi$

138 (1) $\frac{\pi}{2e^2}$ (2) $\frac{\pi}{e}\cos 1$

139 (1) 略

(2) $\mathrm{Res}[f(z),\ i]=-\frac{\cosh 1}{2}i$

$\mathrm{Res}[f(z),\ -i]=\frac{\cosh 1}{2}i$

140 (1) $\dfrac{4a\pi i}{(1-a^2)^3}$

(2) $2\pi i\dfrac{1+a^2}{(1-a^2)^3}$

141 (1) $2\pi\dfrac{1+a^2}{(1-a^2)^3}$

(2) $\dfrac{4a\pi}{(1-a^2)^3}$

142 $\dfrac{2\pi}{\sqrt{a^2-1}}$

143 略

2章の問題

1 $A=-8$, $B=8\sqrt{3}$

2 $\pm(1\pm i)$

3 (1) $\sqrt[3]{2}\,e^{\frac{2}{9}\pi i}$, $\sqrt[3]{2}\,e^{\frac{8}{9}\pi i}$, $\sqrt[3]{2}\,e^{\frac{14}{9}\pi i}$

(2) 点 $\dfrac{8}{3}$ を中心とする半径 $\dfrac{10}{3}$ の円

4 (1) $w-z=2\pi ni$ (n は整数)

(2)(3) 略

5 $e^{-\frac{\pi}{2}-2n\pi}$ (n は整数)

6 (1) $-2-3i$

(2) $10+5i$

(3) 微分可能，導関数は $2z$

(4) 0

7 (1) $v(x,\ y)=3x^2y-y^3+y$

(2) $(x^3-3xy^2+x)+i(3x^2y-y^3+y)$

(3) $2\pi i$

8 (1) $\displaystyle\sum_{k=0}^{\infty}\frac{(-1)^k}{2^{k+1}}(z-2)^k$

(2) $2\pi ei$

9 (1) $\mathrm{Res}[f(x),\ i\pi]=-e^{a\pi i}$

(2) $\dfrac{\pi}{\sin a\pi}$

10 $\dfrac{2}{3}\pi$

11 (1) $-3-\dfrac{9}{2}i$

(2) (a) $z=-i$

(b) $z=\dfrac{1}{2}\log 2+i\left(-\dfrac{\pi}{4}+2n\pi\right)$

(n は整数)

(3) $\mathrm{Res}[f(z),\ i]=i$

$\mathrm{Res}[f(z),\ -i]=-i$

(4) $-\dfrac{6}{5}\pi i$

12 (1) $\mathrm{Res}[f(z),\ 2]=\dfrac{1}{3}$

$\mathrm{Res}\left[f(z),\ \dfrac{1}{2}\right]=-\dfrac{1}{3}$

(2) $-\dfrac{2}{3}\pi i$

(3) $\alpha=\dfrac{1}{2}$, $\beta=\dfrac{1}{2}$

(4) $a=i$, $b=4$, $c=-5$

3章　ラプラス変換

1. ラプラス変換

144 (1) $\dfrac{1}{s-1}$　(2) $\dfrac{1}{s-5}$

(3) $\dfrac{1}{s+4}$　(4) $\dfrac{1}{s+3}$

145 (1) $\dfrac{3}{s^2+9}$　(2) $\dfrac{s}{s^2+4}$

(3) $\dfrac{s}{s^2+3}$　(4) $\dfrac{\sqrt{2}}{s^2+2}$

146 略

147 (1) $\dfrac{e^{-4s}}{s}$　(2) $\dfrac{e^{-\pi s}}{s}$

(3) $\dfrac{e^{-\frac{1}{2}s}}{s}$

148 (1) e^{-s}　(2) $e^{-\pi s}$　(3) $e^{-\frac{1}{2}s}$

149 (1) $\dfrac{3s+2}{s^3}$　(2) $-\dfrac{3}{s(s-3)}$

(3) $\dfrac{2}{s^2-1}$　(4) $\dfrac{8}{s^2(s^2+4)}$

(5) $\dfrac{s+1}{s^2+1}$　(6) $\dfrac{\sqrt{3}\,s-1}{s^2+1}$

150 (1) $\dfrac{2}{(s+1)^3}$　(2) $\dfrac{1}{(s-1)^2}$

(3) $\dfrac{1}{s^2+4s+5}$　(4) $\dfrac{s+1}{s^2+2s+2}$

(5) $\dfrac{3}{s^2-2s+10}$　(6) $\dfrac{s-1}{s^2-2s+5}$

151 (1) $\dfrac{2e^{-2s}}{s^3}$　(2) $\dfrac{e^{-s}}{s-1}$

152 (1) $sF(s)-1$　(2) $s^2F(s)-s+1$

153 (1) $\dfrac{1}{s(s-3)}$　(2) $\dfrac{1}{s^2(s-1)}$

(3) $\dfrac{2s+1}{s^3}$　(4) $\dfrac{s^2+2}{s^4}$

(5) $\dfrac{2}{s(s^2+4)}$ (6) $\dfrac{1}{s^2+9}$

154 (1) $\dfrac{1}{(s+1)^2}$ (2) $\dfrac{4s}{(s+4)^2}$

(3) $\dfrac{s^2-4}{(s^2+4)^2}$

155 (1) $\dfrac{2}{(s+1)^3}$ (2) $\dfrac{6}{(s+1)^4}$

(3) $\dfrac{2s(s^2-3)}{(s^2+1)^3}$

156 $\mathrm{Tan}^{-1}\dfrac{3}{s}$

157 (1) $-\dfrac{1}{2}\{t\cos t-\sin t\}$

(2) $e^{-t}+t-1$

158 (1) 略

(2) $\dfrac{1}{(s-1)(s^2+1)}$

159 (1) 2 (2) t^3 (3) e^{3t}

(4) e^{-4t} (5) $\sin 2t$

(6) $\cos 3t$

160 (1) $e^{2t}-e^{-2t}$

(2) e^t-1

(3) e^t-e^{-3t}

161 (1) $(1-t)e^{-2t}$

(2) $e^{2t}+t$

(3) $\sin t-\dfrac{1}{2}\sin 2t$

162 (1) $e^{-t}\sin t$

(2) $e^{2t}\cos t$

(3) $e^{-t}(\cos 2t+\sin 2t)$

(4) $e^t(\cos 3t-\sin 3t)$

163 (1) $t\sin 3t$

(2) $t\cos 3t$

(3) $t\cos\sqrt{2}\,t$

164 (1) $\dfrac{1}{s+2}$ (2) $\dfrac{3}{3s-1}$

(3) $\dfrac{2}{2s+1}$ (4) $\dfrac{4s}{4s^2+1}$

(5) $\dfrac{3}{9s^2+1}$ (6) $\dfrac{6}{4s^2+9}$

(7) $\dfrac{s}{s^2+4}$ (8) $\dfrac{2}{s(s^2+4)}$

(9) $\dfrac{9s}{9s^2+4}$

165 (1) $\dfrac{e^{-4s}}{s}$ (2) $\dfrac{1}{3}$

(3) $\dfrac{1}{3}e^{-2s}$ (4) 2

(5) $2e^{-s}$ (6) $3e^{-2s}$

166 (1) $-\dfrac{(4s+1)(s-1)}{s^3}$

(2) $\dfrac{(s-3)(s+2)}{(s+6)s^2}$

(3) $\dfrac{2(2s^2-1)}{(s-1)(s+1)s}$

(4) $\dfrac{2-\sqrt{3}\,s}{s^2+4}$

(5) $\dfrac{2}{(s-3)^2+4}$

(6) $\dfrac{4(s+1)}{4s^2+8s+5}$

(7) $-\dfrac{e^{-\pi s}}{s^2+1}$

(8) $-\dfrac{e^{-\frac{\pi}{2}s}}{s^2+1}$

(9) $\dfrac{e^{1-s}}{s-1}$

167 (1) $\dfrac{1}{s(s-2)^2}$

(2) $\dfrac{2}{s^3-2s^2+5s}$

(3) $\dfrac{s-1}{s^3-2s^2+2s}$

(4) $\dfrac{2}{s^2-1}$

(5) $\dfrac{2}{(s^2+1)^2}$

(6) $\dfrac{2(s+1)}{(s^2+2s+2)^2}$

(7) $\dfrac{s(s-2)}{(s^2-2s+2)^2}$

(8) $\dfrac{s^4+2s^2+8}{s^2(s^2+4)^2}$

(9) $\dfrac{3s-2}{(s-1)^2s^3}$

168, 169 略

170 (1) $\cos 3t+\sin 3t$

(2) $2\cos 2t+\dfrac{1}{2}\sin 2t$

(3) $(1-t)e^{-2t}$

(4) $(t^2+1)e^t$

(5) $e^{2t}+e^{-9t}$

(6) $e^{-t}+\dfrac{1}{2}e^{\frac{t}{2}}$

(7) $e^{2t}+\frac{1}{2}\sin 2t$

(8) $e^{-t}-e^{-2t}+1$

(9) $2\cos t-e^{t}-e^{-t}$

171 (1) $1+e^{t}\sin t$

(2) $e^{-t}\cos t-t$

(3) $(1-2t)\sin 2t$

(4) $(t+1)\cos t$

(5) $\cos t-t\sin t$

(6) $te^{t}\sin 2t$

172 (1) $2\delta(t)$ (2) $-\delta(t)$

(3) $\delta(t-3)$ (4) $\delta\left(t-\frac{1}{2}\right)$

(5) $H(t-2)$ (6) $H(t-1)$

173, 174 略

175 (1) $\frac{1}{2}t^2$ (2) $\sin t$

(3) $e^{t}-1$ (4) $t-\cos t$

(5) $\frac{1}{2}t\sin t$ (6) $\cosh t$

176 (1) $\frac{\pi}{8}$ (2) $\frac{\pi}{4}$

(3) $\frac{16}{25}$ (4) 1

2. ラプラス変換の応用

177 (1) $x=e^{t}-e^{-2t}$

(2) $x=e^{t}+e^{-t}$

(3) $x=2e^{t}-1$

(4) $x=3-e^{-\frac{t}{2}}$

(5) $x=t-e^{-t}$

(6) $x=\cos t+\sin t$

178 (1) $x=(t+C)e^{-t}$

(2) $x=Ce^{2t}-1$

(3) $x=e^{t}+Ce^{\frac{t}{2}}$

179 (1) $x=e^{2t}-\cos t-\sin t$

(2) $x=t-2\sin t$

(3) $x=3e^{t}+3e^{-t}-4$

(4) $x=3e^{-t}-3e^{t}-2\sin t$

(5) $x=-e^{t}+2\cos t-\sin t$

180 (1) $x=1+te^{t}$

(2) $x=-3+4e^{t}+5e^{-2t}$

(3) $x=2-3t+7e^{3t}$

(4) $x=4e^{2t}-4e^{-t}-3te^{-t}$

(5) $x=-3e^{-2t}+3\cos t-\sin t$

181 (1) $x=1-\cos t-\sin t$

(2) $x=t-\sin t$

(3) $x=e^{-t}-1$

(4) $x=(t^2+t)e^{t}$

(5) $x=\frac{1}{2}(t^2+t)e^{-2t}$

182 (1) $q'+q=1$

(2) $q=1+e^{-t}$

(3) $t>\log 2$

183 (1) $x''=-5x-2x'$

(2) $x=e^{-t}(\cos 2t+\sin 2t)$

(3) 減衰振動

184 (1) $\frac{d^4x}{dt^4}=-1$

(2) $x=-\frac{1}{24}t^2(1-t)^2$

(3) $x\left(\frac{1}{2}\right)=-\frac{1}{384}$

185 (1) $f(t)=1$

(2) $f(t)=6t+t^3$

(3) $f(t)=2t+\frac{1}{3}t^3$

(4) $f(t)=2t-t^2$

186 (1) $x=2e^{-t}+t-1$

(2) $x=(3t-1)e^{t}+10e^{-2t}$

(3) $x=e^{2t}-1$

(4) $x=e^{-t}(2-\cos t)$

(5) $x=t\sin 2t$

(6) $x=te^{-t}(\sin t+\cos t)$

187 (1) $x=(t+1)e^{t}-e^{-t}$

(2) $x=(t+\pi)\sin t$

(3) $x=-te^{-t}$

(4) $x=-e^{t}+\cos t-\sin t$

(5) $x=(t+1)e^{t}-e^{-3t}$

188 $q=\frac{C}{R^2C^2+1}(RCe^{-\frac{t}{RC}}-RC\cos t+\sin t)$

189 (1) $x=e^{-4t}(\cos 2t+2\sin 2t)$

(2) $x=-e^{-4t}\sin 2t$

(3) $x=-e^{-4t}(\cos 2t+3\sin 2t)$

190 $x=-\frac{1}{48EI}t(t-1)^2(2t+1)$

191 (1) $f(t)=\frac{2}{\pi\sqrt{t}}$

(2) $f(t)=e^{t}(\cos t+2\sin t)$

3章の問題

1 (1) $\dfrac{4}{(s+1)^3}+\dfrac{5}{(s+1)^2}-\dfrac{3}{s+1}$

(2) $\dfrac{1}{(s-2)^2}+\dfrac{s-2}{(s-2)^2+1}$

(3) $\dfrac{1}{s}-\dfrac{2}{s^2+4}$

(4) $\dfrac{1}{s(s^2+1)}$ (5) $\dfrac{1}{2}e^{-\frac{s}{2}}$

(6) $\dfrac{\sqrt{2}}{s^2+2}-\dfrac{4\sqrt{2}}{(2s-1)^2+8}$

2 (1) $\dfrac{2}{s^2+16}$

(2) $\dfrac{1}{s+3}+\dfrac{3}{s}+\dfrac{3}{s-3}+\dfrac{1}{s-6}$

(3) $\mathrm{Tan}^{-1}\dfrac{3}{s}$

(4) $\dfrac{1}{s}e^{-\frac{s}{2}}$ (5) $\dfrac{1}{s}$

(6) $\dfrac{2}{s^3}-\dfrac{4s}{(s^2+1)^2}+\dfrac{1}{2s}-\dfrac{s}{2(s^2+4)}$

(7) $\dfrac{2}{s(s-1)^3}$ (8) $\sqrt{\dfrac{\pi}{s+1}}$

3 (1) $\dfrac{1}{2}e^{-\frac{1}{2}t}$ (2) $\dfrac{1}{4}te^{\frac{3}{2}t}$

(3) $\dfrac{1}{\sqrt{3}}\sin\sqrt{3}\,t$

(4) $t\cos\sqrt{3}\,t$

(5) $e^{3t}(\cos\sqrt{3}\,t+\sqrt{3}\,\sin\sqrt{3}\,t)$

(6) $H(t-3)$

(7) $1-\delta(t)$

(8) $\dfrac{e^t}{\sqrt{t}}$

4 (1) $\dfrac{2}{5}$ (2) $\dfrac{1}{2\pi}$

5 略

6 (1) $x=e^{\frac{t}{2}}-e^{-\frac{t}{2}}+\dfrac{1}{2}\sin\dfrac{t}{2}$

(2) $x=2e^{\frac{t}{2}}-e^{-t}-3te^{-t}$

(3) $x=e^{\frac{t}{2}}+2e^{-\frac{3}{2}t}+3t-2$

7 (1) $x=1-2te^{-\frac{3t+1}{2}}$

(2) $x=-\dfrac{3}{2}+\dfrac{1}{2}(t^2-2t+3)e^t$

(3) $x=e^{\frac{1}{2}t}-\sqrt{t}$

8 (1) 0

(2)(3) 略

9 (1) $x=4t-3\sin t$

(2) -2π

4章 フーリエ解析

1. フーリエ級数

192 (1) 0 (2) π

193 (1) $\dfrac{\pi}{2}+\sum_{n=1}^{\infty}\dfrac{1-(-1)^n}{n}\sin nx$

$\left[=\dfrac{\pi}{2}+2\sum_{n=1}^{\infty}\dfrac{\sin(2n-1)x}{2n-1}\right]$

(2) $\dfrac{\pi}{4}+\sum_{n=1}^{\infty}\left(\dfrac{(-1)^n-1}{n^2\pi}\cos nx+\dfrac{(-1)^n}{n}\sin nx\right)$

$\left[=\dfrac{\pi}{4}-\dfrac{2}{\pi}\sum_{n=1}^{\infty}\dfrac{\cos(2n-1)x}{(2n-1)^2}+\sum_{n=1}^{\infty}\dfrac{(-1)^n}{n}\sin nx\right]$

(3) $\dfrac{1}{\pi}+\dfrac{1}{2}\sin x-\dfrac{2}{\pi}\sum_{n=1}^{\infty}\dfrac{\cos 2nx}{(2n)^2-1}$

194 (1) $\sum_{n=1}^{\infty}2\dfrac{(-1)^{n+1}+1}{n\pi}\sin nx$

(2) $\dfrac{2}{\pi}\sum_{n=2}^{\infty}\dfrac{n(1+(-1)^n)}{n^2-1}\sin nx$

$\left[=\dfrac{4}{\pi}\sum_{n=1}^{\infty}\dfrac{2n}{(2n)^2-1}\sin 2nx\right]$

195 (1) $-\dfrac{1}{2}(\pi-2)+2\sum_{n=1}^{\infty}\dfrac{1-(-1)^n}{n^2}\cos nx$

$\left[=-\dfrac{1}{2}(\pi-2)+4\sum_{n=1}^{\infty}\dfrac{\cos(2n-1)x}{(2n-1)^2}\right]$

(2) $\dfrac{2}{\pi}-\dfrac{2}{\pi}\sum_{n=1}^{\infty}\dfrac{(-1)^n+1}{n^2-1}\cos nx$

$\left[=\dfrac{2}{\pi}-\dfrac{4}{\pi}\sum_{n=1}^{\infty}\dfrac{\cos 2nx}{(2n)^2-1}\right]$

196 (1) $\dfrac{1}{2}+\sum_{n=1}^{\infty}\dfrac{2((-1)^n-1)}{n^2\pi^2}\cos n\pi x$

$\left[=\dfrac{1}{2}-\dfrac{4}{\pi^2}\sum_{n=1}^{\infty}\dfrac{\cos(2n-1)\pi x}{(2n-1)^2}\right]$

(2) $\dfrac{e-e^{-1}}{2}+(e-e^{-1})\sum_{n=1}^{\infty}\dfrac{(-1)^n}{1+n^2\pi^2}(\cos n\pi x-n\pi\sin n\pi x)$

197 (1) $\dfrac{\pi^2}{3}+\sum_{\substack{n=-\infty \\ n\neq 0}}^{\infty}\dfrac{2}{n^2}(-1)^n e^{inx}$

(2) $\sum_{n=-\infty}^{\infty} \frac{1}{2\pi} \cdot \frac{1+in}{1+n^2} \cdot (-1)^n (e^{\pi} - e^{-\pi}) e^{inx}$

(3) $\sum_{\substack{n=-\infty \\ n \neq 0}}^{\infty} \frac{(-1)^n i}{n\pi} e^{in\pi x}$

(4) $\frac{1}{2} + \sum_{\substack{n=-\infty \\ n \neq 0}}^{\infty} \frac{(-1)^n - 1}{n^2 \pi^2} e^{in\pi x}$

198, 199 略

200 (1) $u(x,\ t) \sim e^{-\pi^2 t} \sin \pi x$

(2) $u(x,\ t)$

$\sim \sum_{n=1}^{\infty} \frac{4(1-(-1)^n)}{n^3 \pi^3} e^{-(n\pi)^2 t} \sin n\pi x$

(3) $u(x,\ t) \sim e^{(1-\pi^2)t} \sin \pi x$

(4) $u(x,\ t) \sim e^{-\pi^2 t} \cos \pi x$

2. フーリエ変換

201 (1) $\frac{2\sin k}{k}$ ($k \neq 0$ のとき),

2 ($k=0$ のとき)

(2) $2\frac{k\sin k + \cos k - 1}{k^2}$ ($k \neq 0$ のとき)

1 ($k=0$ のとき)

(3) $\frac{4(\sin k - k\cos k)}{k^3}$ ($k \neq 0$ のとき)

$\frac{4}{3}$ ($k=0$ のとき)

(4) $\frac{1}{a+ik}$

(5) $\frac{2i\sin k\pi}{k^2-1}$ ($k \neq \pm 1$),

$\mp \pi i$ ($k = \pm 1$ のとき)

(6) $\frac{1}{(a+ik)^2}$

202 (1) $2b\frac{\sin ka}{k}$ ($k \neq 0$ のとき),

$2ab$ ($k=0$ のとき)

(2) 略

203 (1) $\frac{2}{1+k^2}$

(2) π

204 $F(0)=2$, $k \neq 0$ のとき $\frac{2\sin k}{k}$,

$f(x) = \frac{1}{2\pi}\int_{-\infty}^{\infty} \frac{2\sin k}{k} e^{ikx} dk$

205 $F(\pm 1) = \mp \pi i$,

$k \neq \pm 1$ のとき $F(k) = \frac{2i\sin k\pi}{k^2-1}$,

$f(x) = \frac{i}{\pi}\int_{-\infty}^{\infty} \frac{\sin k\pi}{k^2-1} e^{ikx} dk$

206 $\frac{1}{2\sqrt{\pi}} e^{-\frac{x^2}{4}}$

207 $\pi\sqrt{2\pi}\, e^{-\frac{k^2}{8}}$

208 略

4章の問題

1 (1) $f(x) \sim 2\sum_{n=1}^{\infty} \frac{(-1)^n}{n} \sin nx$

(2) $f(x) \sim \frac{2}{\pi} + \frac{4}{\pi}\sum_{n=1}^{\infty} \frac{\cos 2nx}{1-4n^2}$

(3) $f(x) \sim \frac{2}{\pi}\sum_{n=1}^{\infty} \frac{(-1)^n}{n} \sin n\pi x$

(4) $f(x) \sim \frac{1}{2}$

$+ \frac{2}{\pi}\sum_{n=1}^{\infty} \frac{1}{2n-1} \sin(2n-1)\pi x$

2 (1) $\frac{\pi}{2} - \frac{4}{\pi}\sum_{n=1}^{\infty} \frac{\cos(2n-1)x}{(2n-1)^2}$

(2) $\frac{\pi^2}{8}$

3 $\frac{2(\cos k - 1)}{ik}$

4 略

5 $\frac{1}{2\sqrt{\pi t}} e^{\frac{1}{2}t^2 - \frac{x^2}{4t}}$

6 略

●本書の関連データがwebサイトからダウンロードできます。

https://www.jikkyo.co.jp/download/ で

「新版応用数学　演習　改訂版」を検索してください。

提供データ：問題の解説

■監修

岡本和夫（おかもとかずお）　東京大学名誉教授

■編修

安田智之（やすだともゆき）　奈良工業高等専門学校教授

東條晃次（とうじょうこうじ）　千葉工業大学教授

佐藤尊文（さとうたかふみ）　秋田工業高等専門学校准教授

中村真一（なかむらしんいち）　佐世保工業高等専門学校教授

●表紙・本文基本デザイン――エッジ・デザインオフィス

●組版データ作成――㈱四国写研

新版数学シリーズ

新版応用数学演習　改訂版

2014年3月24日　初版第1刷発行

2022年4月20日　改訂版第1刷発行

●著作者　岡本和夫　ほか

●発行者　小田良次

●印刷所　株式会社広済堂ネクスト

●発行所　実教出版株式会社

〒102-8377

東京都千代田区五番町5番地

電話［営　　業］(03) 3238-7765

［企画開発］(03) 3238-7751

［総　　務］(03) 3238-7700

https://www.jikkyo.co.jp/

ISBN　978-4-407-34951-1　C3041　　Printed in Japan